Astrophysik für Anfänger

Das Universum in seiner vollen Pracht

3. Auflage (2022)

Impressum
Copyright © 2022 Philipp Jäger
Alle Rechte vorbehalten.
13-Stellige ISBN: 9798729255252

Dieses Buch ist als eBook, als Taschenbuch und zusätzlich mit Bildern in Farbe erhältlich.

Layout und Format: Philipp Jäger
Lektorat und Korrektorat: Dominik Imöhl

Vorabinformation
Sehr geehrte Leser, während der Produktion der letzten beiden Auflagen ist uns aufgefallen, dass selten Fehler entstehen können, wenn die Datei vor dem Druck digital verarbeitet wird. Zum Beispiel fehlende Bilder. Sollten Sie fälschlicherweise ein mangelhaftes Exemplar geliefert bekommen haben, bitten wir vielmals um Verzeihung. Sein Sie bitte nicht verärgert und wenden Sie sich an den Lieferanten (z.B. Amazon). Dort können Sie das Exemplar problemlos zurückgeben und ein neues anfordern. Ihre Zufriedenheit steht bei uns, als auch beim Lieferanten an höchster Stelle.

Inhalt

1. Vorwort — S. 6
2. Lichtgeschwindigkeit — S. 10
3. Gravitation — S. 20
4. Sterne und Planeten — S. 28
5. Schwarze Löcher — S. 60
6. Das Universum und die Raumzeitdimension — S. 74
7. Die Spezielle Relativitätstheorie — S. 86
8. Die Allgemeine Relativitätstheorie — S. 102
9. Sind wir allein im Universum? (Epilog) — S. 116
10. Zahlen, Daten, Fakten — S. 132

(Künstlerische Darstellung unseres Sonnensystems. Im Zentrum die Sonne, im Hintergrund die Planeten auf ihren Umlaufbahnen, im Vordergrund der Gasriese Saturn mit seinen pittoresken Ringen.)

Vorwort

Ich grüße Sie, lieber Leser. Und ich heiße Sie herzlich willkommen zu einer umfangreichen Einführung in die wunderbare Welt der Astrophysik. Wenn Sie Astronomie und all die spannenden Mysterien des Weltraums faszinieren, dann halten Sie das passende Werk in den Händen. Hier werden Ihnen sämtliche Themen, die das Universum und die darin befindlichen Objekte und Geschehnisse beschreiben, nähergebracht.

Astrophysik. Seit jeher schauen die Menschen auf die Sterne. Warum die Astrophysik so interessant auf den modernen Menschen wirkt, liegt wahrscheinlich daran, dass sie unter anderem unser Dasein erklärt. Vom Allerkleinsten bis zum Allergrößten setzt sich die Astrophysik zusammen. Außerdem befasst sie sich als einzige Wissenschaft mit der geheimnisvollen unendlichen Weite des Universums. Seit der Mensch denken kann, stellt er sich die Frage wo, er herkommt und auch was seine Daseinsberechtigung in dieser Welt ist. Und dann wäre da natürlich noch der Sinn des Lebens. Ein philosophisch genau so hochwertiges Thema wie die zuvor genannten Dinge. Die Astrophysik beantwortet vor allem die erste dieser Fragen. Natürlich spielen hier auch noch andere Naturwissenschaften eine Rolle, wie zum Beispiel die Biologie, die Chemie und vor allem die Teilchenphysik. Aber wenn man es genau nimmt, laufen am Ende alle Anfänge in der Astrophysik zusammen. Sie ist die Naturwissenschaft, die uns erklärt, warum wir existieren und wie das gesamte Universum aufgebaut ist. Natürlich wissen wir noch längst nicht alles und gibt es noch viele Rätsel zu lösen. In vielen Bereichen des Universums tappen wir im wahrsten Sinne des Wortes im Dunkeln. In mehreren Epochen der Menschheit dachte man bereits, dass praktisch alle Fragen der Physik geklärt wären und wir alles wüssten. Doch dies war jedes Mal nur die Arroganz des Menschen, die ihm im Wege stand. Mittlerweile sind sich die Forscher und Wissenschaftler darüber einig: Wir wissen mehr als jemals zuvor und unser Wissen wächst stetig weiter. Und doch wissen wir praktisch fast nichts. Und das, obwohl wir doch schon so viel herausgefunden haben. Der aktuelle Wissensstand der Menschheit zur Astrophysik und allen dazugehörigen Themen wird Ihnen in diesem Buch auf einfache Art und Weise nähergebracht. Im Normalfall würde dabei viel Mathematik angewandt werden. Mathematik ist eine Form, die physikalischen Geschehnisse im gesamten Universum in eine für den Menschen verständliche Sprache zu übersetzen. Sie ist die theoretische Seite, die im Gehirn des Menschen entsteht und später durch empirische Beobachtungen im besten Fall bestätigt wird. Daher erlaubt sie uns auch noch nicht erforschte Bereiche und Phänomene in der Physik und im Universum theoretisch zu bestimmen und zu berechnen. Da wo wir nichts mehr sehen können, wo unsere Teleskope nicht mehr ausreichen und kein Lichtstrahl mehr hindringt, bringt die Mathematik Licht ins Dunkle. Man könnte auch sagen, da wo wir nicht in der Lage sind praktische Erfahrungen zu machen, erlaubt sie uns trotzdem unseren Horizont zu erweitern. Obwohl dies alles nur theoretisch geschieht, spielt sie mitunter auch deshalb eine so große Rolle in der Physik. Zum

Beispiel waren Alberts Einsteins berühmte und geniale Relativitätstheorien in den ersten Jahren ausschließlich blanke Theorie, die lediglich in mathematischer Form vorhanden war. Erst später wurden sie nach und nach durch die Praxis, in Form von Beobachtungen und Versuchen, bestätigt. Da die meisten Menschen sich mit der Mathematik allerdings eher weniger identifizieren können und diesem Thema äußerst abgeneigt gegenüberstehen, wird in diesem Buch bewusst auf mathematische Formeln, Gleichungen und ähnliche Darstellungsweisen gänzlich verzichtet. Stattdessen wird Ihnen die Astrophysik anhand von realen und teilweise auch alltäglichen Beispielen nähergebracht.

Als letztes Kapitel nach dem Nachwort finden Sie die wichtigsten Informationen von allen Kapiteln dieses Buches noch mal übersichtlich zusammengefasst. So können Sie einerseits das neu erworbene Wissen besser vertiefen und andererseits eine Information schneller beim Nachschlagen wiederfinden. Wenn Ihnen in diesem Buch chemische Elemente begegnen, dann findet sich dahinter in Klammern immer zusätzlich das Symbol des Elements, damit Sie es im Periodensystem hinten im Buch schnell ausfindig machen können, sofern Sie Interesse daran haben. Zahleninformationen oder Werte werden in diesem Buch zum einfacheren Verständnis immer mit dem allgemein vereinfachten Wert angeben. Wenn es dafür angebracht ist, wird auch ab- oder aufgerundet. Im nachfolgenden Kapitel finden Sie dazu auch bereits das erste Beispiel. Lassen Sie uns also direkt loslegen und in die spannende Welt der Astrophysik eintauchen.

(Aufnahme einer Spiralgalaxie, wie unsere Milchstraße auch eine ist.)

Lichtgeschwindigkeit

In diesem sowie dem nächsten Kapitel "Gravitation" geht es zunächst vor allem darum, dass man ein Grundverständnis entwickelt. Auf die Themen Lichtgeschwindigkeit und Gravitation wird in späteren Kapiteln wie "Schwarze Löcher", "Spezielle Relativitätstheorie" und "Allgemeine Relativitätstheorie" noch tiefgreifender eingegangen.

Naturkonstante. Das Licht ist dem Mensch als elektromagnetische Welle bekannt. Darüber hinaus ist es das absolut Schnellste was die Wissenschaft kennt. Die Geschwindigkeit in der sich das Licht ausbreitet, ist die wohl bekannteste und wichtigste Naturkonstante in der Astrophysik. Man spricht deswegen von einer Konstante, da die Lichtgeschwindigkeit im Vakuum immer gleich schnell ist. Es gibt absolut nichts, was sich schneller bewegen kann als Licht. Außerdem lässt sich auch kein Wert hinzuaddieren. Das Licht kann nicht schneller und nicht langsamer gemacht werden. Außerdem kann es auch nicht von Massen abgebremst oder beschleunigt werden. Daher handelt es sich um eine fundamentale Naturkonstante. Naturkonstanten sind absolut unveränderlich und unbeeinflussbar. Immer wieder gab es Ideen, Theorien und Überlegungen, dass sich bestimmte Teilchen, Wellen und andere Dinge schneller als Licht ausbreiten könnten oder sogar müssten. Dies nennt man Überlichtgeschwindigkeit. Doch bis jetzt wurden all diese Theorien widerlegt, sofern man einen Weg fand sie zu überprüfen. Überlichtgeschwindigkeit ist in der Physik bis jetzt eine undenkbare Sache. Und sofern die Relativitätstheorie von Albert Einstein, die unser Weltbild sowie die moderne Physik maßgeblich geprägt hat, weiterhin aktuell bleibt, wird jegliche Form der Überlichtgeschwindigkeit auch unmöglich bleiben.

Geschwindigkeitsverhältnisse. Dieses Kapitel ist besonders wichtig für das Verständnis von Entfernungen im Weltall. Die Lichtgeschwindigkeit ist der wichtigste Indikator um diese zu messen beziehungsweise zu benennen. Sie beträgt knapp 300.000 Kilometer pro Sekunde (exakter Wert: 299.792 km/s). Zum Vergleich: Der schnellste Seriensportwagen der Welt, der Bugatti Chiron Super Sport 300+, leistet 1.600 PS. Damit hat er einen Rekord in Sachen Höchstgeschwindigkeit von Seriensportwagen mit über 490 km/h aufgestellt. Die Lichtgeschwindigkeit wird allerdings nicht in Kilometern pro Stunde, sondern pro Sekunde angegeben. Umgerechnet in km/h ergibt sie einen Wert von etwa 1.000.000.000 Kilometern pro Stunde (exakter Wert: 1.079.251.200 km/h). Die Lichtgeschwindigkeit ist also 2,2 millionen mal schneller als der schnellste Seriensportwagen der Welt. Das ist unvorstellbar schnell und übersteigt bereits jegliche Vorstellungskraft des menschlichen Gehirns.

Schallgeschwindigkeit. Ein anderes gutes Vergleichsbeispiel, welches schon eine ganze Ecke schneller ist als der Bugatti, ist die Schallgeschwindigkeit. Schallwellen benötigen ein Medium, um sich auszubreiten. In dem Medium Luft in unserer Erdatmosphäre breiten sie sich mit 1.236 km/h aus. Man nennt die Luft deshalb Medium, da Schallwellen sich auch in anderer Materie ausbreiten können. Im Wasser zum Beispiel kann sich Schall sogar mehr als viermal schneller ausbreiten als in Luft. Doch das was wir im Allgemeinen als Schallgeschwindigkeit bezeichnen, bezieht sich in der Regel auf die Luft. Lange Zeit war die Schallgeschwindigkeit das Schnellste was die Menschheit kannte. Zu damaligen Zeiten hieß es, dass wir niemals in der Lage sein würden sie zu übertreffen. Doch das haben wir inzwischen mit Flugzeugen und Raketen längst geschafft. Und damit noch nicht genug. Die "Lockheed SR-71 Blackbird" ist ein Spionageflugzeug. Zwar ist sie schon ein etwas älterer Kandidat, doch trotzdem gilt sie bis heute als das schnellste Flugzeug aller Zeiten. Sie schafft eine maximale Geschwindigkeit von unglaublichen 3.529 km/h. Das entspricht fast der dreifachen Schallgeschwindigkeit.

Die "Weatherby Magnum", ihres Zeichens Schusswaffe, ist grundlegend erst mal ein Jagdgewehr. Doch auch bei Wettkämpfen erfreut sie sich größter Beliebtheit, denn sie hat eine besondere Eigenschaft: Sie verfügt über die derzeit höchste Mündungsgeschwindigkeit unter Serienfeuerwaffen. Die Bezeichnung Mündungsgeschwindigkeit bezieht sich auf die Geschwindigkeit, an der Stelle, wo die Kugel aus dem Ende des Laufs, also aus der Waffe, austritt. Die Projektile der Weatherby Magnum erreichen eine Geschwindigkeit von bis zu 1.076 Meter pro Sekunde. Dies sind umgerechnet 3.874 km/h. Oder in anderen Worten: Etwas mehr als ein Kilometer pro Sekunde. Das ist für den menschlichen Verstand gerade noch vorstellbar. Viele stoßen bei diesem Verhältnis von Entfernung zu Geschwindigkeit bereits an die Grenzen des menschlichen Vorstellungsvermögens.

(Die Lockheed SR-71 Blackbird.)

Erdumfang. Die Erde hat einen Umfang von etwa 40.000 km. Diese Entfernung ist vorstellbar. Man braucht nur mal auf den Kilometerstand seines Autos gucken und bekommt direkt ein Gefühl dafür. Außer man fährt einen Neuwagen. Aber fast jeder weiß: 40.000 km sind fast nichts für ein Gebrauchtfahrzeug. Schließlich gibt es auch Autos die bereits 300.000 Kilometer und mehr auf dem Buckel haben. Die Zahl 300.000 ist zudem treffend für das nächste Beispiel. Denn wie ja bereits bekannt ist, ist dies die Entfernung in Kilometern, die das Licht innerhalb einer Sekunde zurücklegt. Man stelle sich nun die Erde als Ganzes vor seinem inneren Auge vor. Dazu ein gelber Lichtstrahl, der die blaue Kugel umrundet. Innerhalb einer einzigen

Sekunde schafft es das Licht den blauen Planeten ganze 7,5 Mal zu umrunden.

(Lichtstrahlen, die von der Sonne an der Erde vorbeiziehen.)

Hier noch einmal der direkte Vergleich:

Schnellster Sportwagen	490 km/h
Schallgeschwindigkeit	1.236 km/h
Schnellstes Flugzeug	3.529 km/h
Schnellstes Schusswaffen-projektil	3.874 km/h

| Lichtgeschwindigkeit | 1.079.251.200 km/h |

| Erdumrundung | 7,5 Mal pro Sekunde |

Nach diesen Vergleichen dürfte ein ungefähres Gefühl dafür aufkommen, wie unglaublich schnell die Lichtgeschwindigkeit ist. Es bleibt übrigens ausschließlich Teilchen vorbehalten, sich in dieser Geschwindigkeit fortzubewegen. Allerdings auch nur solchen, die nicht massebehaftet sind. Die Lichtgeschwindigkeit ist das Schnellste was die Wissenschaft kennt. Nichts was wir von der Erde kennen, kommt auch nur ansatzweise an die Lichtgeschwindigkeit heran. Nicht mal in Bruchteilen. Sie spielt in einer ganz eigenen Liga. Ein ganz einfacher Beweis dafür sind beispielsweise auch Gewitter. Blitz und Donner entstehen zur selben Zeit. Das Licht eines Blitzes erreicht unser Auge schlagartig und ohne Verzögerung. Doch der Schall vom Donner braucht meist mehrere Sekunden, abhängig davon wie weit das Gewitter von einem entfernt ist.

Längenwerte. Um die nahezu unendlich großen Entfernungen im Weltall zu beschreiben, benutzt man die Lichtgeschwindigkeit pro Zeiteinheit. Viele Menschen tun sich schwer damit, doch das ist tatsächlich einfacher als es zunächst klingen mag. Wenn die Lichtgeschwindigkeit 300.000 km/s beträgt, dann ergeben sich daraus folgende Längenwerte, welche das Licht in der jeweiligen Zeit zurücklegt:

1 Sekunde	300.000 km
1 Minute	18.000.000 km
1 Stunde	1.080.000.000 km
1 Tag	25.920.000.000 km
1 Woche	181.440.000.000 km
1 Monat	777.600.000.000 km
1 Jahr	9.460.800.000.000 km

Lichtjahr. Die berühmte Bezeichnung Lichtjahr ist also im Endeffekt nichts Anderes, als die Entfernung von 9.460.800.000.000 Kilometern. Diese legt das Licht dann innerhalb eines Jahres zurück. Das Lichtjahr ist daher ein Längenmaß. Fälschlicherweise wird es aber oft als Zeiteinheit interpretiert, weil es das Wort "Jahr" enthält. Von Lichttagen, Lichtwochen und Lichtmonaten spricht man hingegen eher seltener. Jedoch sind diese Werte rein rechnerisch von großer Bedeutung, damit man die finale Einheit, also das Lichtjahr, verstehen kann. Lichtsekunden, Lichtminuten und Lichtstunden finden vor allem bei der Beschreibung unseres Sonnensystems Gebrauch: Der Mond ist von der Erde 380.000 km (exakter Wert: 384.400 km) entfernt. Das entspricht etwas mehr als einer Lichtsekunde (exakter Wert: 1,28s). Stellt man sich draußen unter freiem Himmel und zielt mit einem Laser auf den Mond, so benötigt das Licht von dem Laser aus also gerade mal etwas mehr als eine Sekunde. Die Sonne hingegen ist von der Erde schon 147.100.000 km bis 152.100.000 km entfernt. Die Entfernung schwankt im Laufe eines Jahres immer zwischen diesen Werten, da die Erde sich nicht auf einem exakten Kreis um die Sonne bewegt. Stattdessen befindet sich die Erde nur auf einer sich einem Kreis annähernden Ellipse. Bei einem angenommenen Durchschnittswert von 150.000.000 Kilometern benötigt das Licht, welches die Sonne abstrahlt, 500 Sekunden, bis es unsere Erde wärmend mit Energie versorgt. Oder anders ausgedrückt: Etwas über 8 Minuten.

Astronomische Einheit. Der exakte mittlere Wert von 149.597.871 Kilometern zwischen Erde und Sonne stellt eine weitere wichtige Einheit für ein Längenmaß in der Astronomie dar. Man bezeichnet dieses als "**A**stronomische **E**inheit". So nüchtern dies auch klingen mag, wird sie noch simpler ausgedrückt kurz "AE" genannt.

Parsec. Neben diesem Längenmaß gibt es noch eine dritte wichtige Einheit: Das Parsec. Entstanden ist der Name durch die ersten drei Buchstaben der zwei Worte "**par**allaxe **sec**ond". Im Deutschen spricht man hier von einer Lichtbogensekunde. Ein Parsec entspricht etwa 3,26 Lichtjahren oder 206.000 Astronomischen Einheiten.

Entfernungen. Bis zum Rande unseres Sonnensystems, wo man den mittlerweile seit 2006 zum Zwergplaneten degradierten Pluto findet, ist es eine Entfernung von 6.000.000.000 Kilometern. Auch dies ist wieder ein aufgerundeter mittlerer Wert zwischen dem weitesten und dem nächsten Abstand zur Sonne. Um diese Entfernung zurückzulegen, benötigt das Licht dann schon 20.000 Sekunden oder umgerechnet 5,5 Lichtstunden.

Der nächste Stern ist hingegen bereits 4,2 Lichtjahre von uns entfernt. Das Licht benötigt demnach zwar nur etwas über 4 Jahre, bis es uns oder ihn (je nach Perspektive) erreicht, aber es legt dabei eine für den Menschen schon kaum vorstellbare Entfernung zurück. Und selbst dies ist geradezu nichts weiter als ein Katzensprung, wenn man die gigantischen Ausmaße des Universums kennt. Um ein richtiges Gefühl für die eigentlichen Entfernungen im Universum zu bekommen, muss man in noch viel größeren Dimensionen denken. Die hellsten Sterne am Nachthimmel sind meist zwischen 100 und 1.000 Lichtjahren entfernt. Und auch dies ist immer noch sehr nahe. Es handelt sich nach wie vor praktisch nur um "Spuckweite", verglichen mit anderen Entfernungen im Universum. Die Astronomie erforscht bereits Dinge, die über viele Hundertmilliarden (100.000.000.000) Lichtjahre entfernt sind. Diese Entfernungen sind natürlich absolut irrwitzig. Aber sie beschreiben die tatsächlichen Längenzustände im Universum, was man über die Entfernungen zu unseren Nachbarsternen nicht wirklich behaupten kann.

Ein Blick in die Vergangenheit. Es wird allerdings noch viel verrückter. Die nächstgelegene Galaxie, also der Nachbar unserer Milchstraße, ist die spiralförmige Andromeda-Galaxie. Sie ist sage und schreibe 2.500.000 Lichtjahre von uns entfernt. Das heißt also, dass das Licht 2,5 Millionen Jahre braucht, bis es unsere Augen und Teleskope erreicht. Das was wir also in diesem Moment sehen, hat dann bereits dieses Alter erreicht. Das heißt, die Andromeda-Galaxie wie wir sie sehen, ist lediglich so, wie sie vor 2,5 Millionen Jahren war. Das Licht erlaubt uns also gewissermaßen, aber tatsächlich ganz real, in die Vergangenheit zu schauen. Hierzu findet sich auch noch mal ein interessantes und recht aktuelles Beispiel im Kapitel "Sterne und Planeten" im Abschnitt zum Stern "Beteigeuze".

(Die Andromeda-Galaxie.)

Gravitation

Vier Grundkräfte beherrschen das Universum. Die Starke und die Schwache Kernkraft wirken in Inneren der Atomkerne und regeln das dortige Zusammenspiel der Bausteine. Die dritte Kraft ist die elektromagnetische Kraft. Sie hält unsere Computer am Laufen, beleuchtet unsere Städte bei Nacht und ermöglicht unsere moderne Kommunikation. Die vierte Kraft ist die Gravitation. Oder umgangssprachlich fälschlicherweise auch Schwerkraft genannt. Sie hält das gesamte Universum zusammen und ist sozusagen die Mutter aller Kräfte. Denn sie ist zwar bei Weitem die schwächste aller Kräfte, doch dafür hat sie die mit Abstand größte Reichweite. Außerdem lässt sie sich durch absolut nichts abschirmen und ist überall im Universum vorhanden. Weiterhin sind wir auch nicht in der Lage sie zu manipulieren. Daher ist die Gravitation die mächtigste aller Kräfte. Natürlich ist sie nicht immer in gleicher Stärke im Weltraum vorhanden. Da sie ausschließlich von Massen ausgeübt wird, ist die Stärke ihrer Anwesenheit äußerst variabel. Ein Staubpartikel übt eine denkbar geringe Gravitation aus. Unsere Erde bewirkt hingegen mit ihrer gravitativen Wirkung, dass wir nicht einfach von unserem Heimatplaneten purzeln und durchs Weltall schweben. Sie hält uns und alles Andere auf dem Planeten. Auch den Mond hält sie bei uns. Wobei man hierbei konkreterweise sagen muss, dass sich dieser jedes Jahr um vier Zentimeter von der Erde entfernt. Irgendwann wird dies auch dazu führen, dass er unser Muttergestirn bei einer Sonnenfinsternis nicht mehr komplett verdecken kann und sich daraus optisch ein Lichtring ergeben wird.

(Künstlerische Darstellung einer totalen Sonnenfinsternis mit leichtem Lichtring.)

Unsere Sonne hingegen hat bereits eine so starke Schwerkraft, dass sie es schafft alle Planeten in unserem Sonnensystem festzuhalten. Je größer die Masse eines Körpers ist, desto stärker ist auch die Gravitation und somit auch die Anziehungskraft, die von ihr auf andere Massen, Körper und Objekte ausgeübt wird. Es geht also nicht um die Größe des Objekts, sondern um die Masse, die es hat. Die ultimative Form von Gravitation ist ein Schwarzes Loch. Es ist sozusagen die maximale Steigerung. Doch hierzu mehr im Kapitel "Schwarze Löcher". Unsere Sonne besitzt 99,86% aller im Sonnensystem befindlichen Masse. Unsere Erde und auch selbst die Gasriesen Jupiter und Saturn sind praktisch nichts gegen die Sonne. Aufgrund dieses hohen Masseanteils ist sie mit ihrem Schwerkraftfeld in der Lage, unseren und die anderen Planeten festzuhalten.

(Künstlerische Darstellung des Gravitationsfelds der Sonne. Hier als Netz dargestellt, mit den darin befindlichen Planeten auf ihren Umlaufbahnen)

Raumzeitdeformierung. Nach Isaac Newton war die Gravitation einfach ausgedrückt, die Anziehung von Massen. Dies war allerdings nicht ganz richtig. Nach Albert Einstein musste das Verständnis von der Gravitation ganz neu gedacht werden. Die Gravitation ist viel mehr ein energetischer Einfluss auf den Raum und die Zeit. Die vier Dimensionen werden durch die gravitative Einwirkung gekrümmt. Das bedeutet, der Raum wird geometrisch verändert und die Zeit relativ beschleunigt oder relativ verlangsamt. Dies nennt man auch Deformation oder Krümmung. Ohne die Anwesenheit einer Masse, also auch Gravitation, ist der Raum beziehungsweise die Raumzeit flach. Doch kommt nun Materie hinzu, die durch ihre Masse eine gravitative Wirkung ausübt, bekommt der Raum durch die Krümmung eine geometrische Form. Die Masse der Materie sagt dem Raum wie er sich zu krümmen hat und die Raumkrümmung gibt der Materie wiederum vor, wie sie sich bewegt. Dies empfinden wir Menschen als Anziehungskraft. Mit der Zeit geschieht dasselbe, bloß dass dies als Beschleunigung oder Verlangsamung wahrgenommen wird. Dies aber auch nur relativ, sodass man selbst dies in einem Gravitationsfeld nicht wahrnehmen kann, doch sich bei einem Vergleich zu anderen Gravitationsfeldern Unterschiede ergeben.

Alles was wir als Schwerkraft wahrnehmen sind Illusionen. Was fällt schneller zur Erde? Ein Stein oder eine Feder? Wenn man sich den Luftwiderstand mal wegdenkt, dann gibt es nur eine Antwort: Nichts von beidem. Tatsächlich fällt beides gleich schnell. Und dies liegt daran, dass nicht etwa eine Kraft, wie in diesem Fall eine Anziehungskraft, auf die Gegenstände wirkt, sondern weil der Raum gekrümmt ist und die Bewegung der Gegenstände vorgibt. Die Gravitation ist also keine spürbare Kraft für uns im eigentlichen Sinne. Sie verändert lediglich die Geometrie der Raumzeit, wodurch sich andere Massen auf die ausübende Masse, zum Beispiel die Erde, zubewegen. Daher werden selbst Lichtstrahlen von großen Massen gekrümmt und folgen der vorgegeben Bewegung der gekrümmten Raumzeitgeometrie. Die Gravitation von Massen ist somit in der Lage das Licht von seinen Ausbreitungsbahnen abzulenken. Dies war ursprünglich eine Vorhersage der Allgemeinen Relativitätstheorie von Albert Einstein. Genau wie beispielsweise auch die Schwarzen Löcher. Das Erkunden und auch letztendliche Feststellen von abgelenkten Lichtstrahlen war auch die erste Form der Überprüfung der Allgemeinen Relativitätstheorie. Doch dazu später mehr. An diesem Punkt ist vorerst nur wichtig, dass die Funktion der Gravitation verstanden wird. Was wir als Menschen tagtäglich spüren ist nicht die Gravitation selbst, sondern immer andere Kräfte, die wiederum dagegen wirken, dass wir uns gemäß der vorgegeben Raumzeitgeometrie weiterbewegen. Die Gravitation bewirkt, dass wir uns Richtung Erdkern weiterbewegen würden, doch die dazwischen befindliche Materie hält uns davon ab. Und das ist es was wir tatsächlich spüren.

Gravitationswellen. Auch war es ebenfalls Albert Einstein, der voraussagte, dass sich Gravitation in Wellen ausbreitet. Diese Information gab es auch schon im vorherigen Kapitel bezüglich des Lichts. Aber was bedeutet das eigentlich? Was genau sind Wellen in der Physik? Auf dem Wasser kennen wir sie alle. Klar! Aber in der Physik tun sich immer wieder viele Neulinge und andere Interessierte mit diesem Begriff schwer. Lässt man einen Stein senkrecht von oben ins Wasser fallen, erzeugt dies eine Wellenausbreitung von 360°. Also gleichmäßig in alle Richtungen. Und genau diese Form von Wellen erzeugt auch die Gravitation. Sie entstehen zum Beispiel, wenn Massen beschleunigt werden oder aber miteinander verschmelzen.

Stellen Sie sich für das nachfolgende Beispiel einmal vor, dass Sie mit Ihrer / Ihrem Liebsten zusammen sind. Zwischen Ihnen beiden sind 20m Abstand. Sie halten beide jeweils das Ende eines dünnen Seils in den Händen. Sie stehen sich einander gegenüber und das Seil zwischen Ihnen ist straffgezogen. Ihr Gegenüber hebt jetzt ruckartig den Arm hoch und schnell wieder runter. Die dabei vom Arm ausgesandte Kraft überträgt sich auf das Seil und ein starker Ruck kommt auf das andere Ende und die dort immer noch das Seil haltende Person zu. Dieser Ruck ist eine Welle. Und die Höhe als auch die Stärke dieser Welle ist die sogenannte Amplitude. So funktioniert das auch mit Licht, Radiowellen, Röntgenstrahlen, Gravitation usw. Der Unterschied bei diesem Gedankenexperiment ist lediglich, dass sich die Welle in dem Seil linienförmig ausbreitet. In der Realität breiten sich Gravitationswellen und Co. kreisförmig in alle Richtungen aus. Wie die Welle im Wasser auch, wenn ein Stein hineingeschmissen wurde. Gravitationswellen, Radiowellen usw. breiten sich übrigens mit Lichtgeschwindigkeit aus.

(Kreiswellen im Wasser.)

Als Albert Einstein damals mit seiner Allgemeinen Relativitätstheorie die Gravitation beschrieb, sagte er auch voraus, dass sie sich in Wellen ausbreiten müsse. Und natürlich müsse dies dann auch in irgendeiner Form wahrnehmbar oder messbar sein. Allerdings errechnete er, dass die Gravitationswellen so schwach sind, dass die Menschheit niemals in der Lage sein wird sie zu messen. Doch auch dies haben wir seit einigen Jahren geschafft. Im September 2015 haben die Forscher mit dem "LIGO-Detektor" in zwei Gravitationswellenobservatorien in den USA, die Kollision von zwei Schwarzen Löchern gemessen.

Dies hat eine regelrechte Erschütterung der Raumzeit bewirkt. Entsprechend stark war die Gravitationswelle. Für die erstmalige Messung dieser Gravitationswellen wurde 2017 der Nobelpreis für Physik vergeben. Damit Gravitationswellen messbar werden können, müssen sie nicht nur stark sein und entsprechend aus einem besonderen Ereignis stammen, sondern muss auch das Umfeld für das Observatorium beziehungsweise den Detektor sehr ruhig sein. Es darf nicht von äußeren Einflüssen beeinflusst werden. Zum Messen wird absolute Ruhe benötigt. Doch auf der Erde gibt es thermische Einflüsse und vor allem auch Erschütterungen, die das Messverhalten stark beeinflussen können. Um Gravitationswellen von äußeren Einflüssen auf den Messgeräten unterscheiden zu können, werden die Mitarbeiter besonders geschult und immer wieder mit Fake-Fällen in Übung gehalten. Darüber hinaus gleicht man auch gemessene Fälle mit anderen Observatorien auf anderen Punkten der Erde ab. Nur so kann man sich hundertprozentig sicher sein, eine Gravitationswelle zu messen. In der Zukunft wird zusätzlich ein Gravitationswellendetektor im Weltraum errichtet werden, um für hundertprozentige Ruhe zu sorgen und äußere Einflüsse vollständig zu vermeiden.

Abnahme. Die Gravitation hat jedoch eine beschränkte Reichweite. Sie nimmt mit dem Quadrat der Entfernung ab. Das bedeutet, dass die Stärke der Gravitation um die Entfernung, also den Abstand zur Masse, hoch zwei (^{2}), schwächer wird. Daraus lässt sich zwar schließen, dass sie nie vollständig verschwindet und gewissermaßen unendlich ist, denn sie bleibt immer weiter in immer schwächerer Form bestehen. Somit ist sie also praktisch unendlich und nie komplett weg. Jedoch gibt es irgendwann eine Zone, in der sie nicht mehr wahrnehmbar ist. Und je nach ausübender Masse ist diese Zone relativ schnell erreicht beziehungsweise die Spürbarkeit der Gravitation nicht mehr wahrnehmbar.

Ortskonstante. Für uns, als Anwesende auf dem Planeten Erde, bedeutet die Gravitation eine sogenannte Ortskonstante. Man nennt diese auch Erdbeschleunigung. Sie beträgt etwa $10 m/s^2$ (exakter Durchschnittswert für Deutschland: $9,81 m/s^2$). Mit diesem Wert hält die Erde uns, unsere Autos, unsere Häuser usw. konstant an sich fest. Dieser Wert ist aber nur eine Ortskonstante und keine Naturkonstante wie die Lichtgeschwindigkeit. Denn der Wert ist nicht überall im Universum gleich. Noch nicht mal überall auf diesem Planeten. Stattdessen ist er abhängig von der Masse, die ihn ausübt und wie weit man von dieser entfernt ist. Je größer die Masse, desto stärker nicht nur die Anziehung, sondern auch die Beschleunigung. Der Mond hat beispielsweise nur ⅙ der Erdmasse und entsprechend auch eine schwächere Beschleunigung. Und aufgrund der niedrigeren Anziehungskraft ist auf dem Mond auch das Gewicht von Astronauten kleiner. Bei Besuchen von Menschen auf dem Mond konnten diese beispielsweise viel weiter und höher springen, als es ihnen auf der Erde möglich war.

Gravitationskonstante. Jedoch handelt es sich bei der Gravitationskonstante dann wiederum sehr wohl um eine weitere fundamentale Naturkonstante. Sie steht rechnerisch unmittelbar mit der Ortskonstante in Verbindung und ist ein allgemeiner Wert. Sie gibt an, wie stark die Gravitation zwischen zwei ein Gramm schweren Massen mit einem Zentimeter Abstand zueinander ist.

Sterne und Planeten

Das Kapitel "Lichtgeschwindigkeit" war zu Anfang die wichtigste Grundlage, um die Entfernungen und Maße im Universum zu verstehen. Anschließend folgte das Kapitel "Gravitation". Die Gravitation ist eigentlich ein Thema für Fortgeschrittene und wäre daher eher im hinteren Teil des Buches angesiedelt worden. Da die Gravitation aber maßgeblich für die Entstehung von jeglichen Dingen im Universum ist, war das Kapitel ebenfalls als Grundlage für das jetzige notwendig.

Die Sonne. Eine super Fangfrage, mit der Sie Freunde und Bekannte immer ärgern können, ist die Folgende: Welcher ist der uns am nächsten gelegene Stern? Meist überlegen die Menschen dann fieberhaft, damit ihnen der Name eines bekannten Sterns aus der Nachbarschaft unseres Sonnensystems einfällt. Doch die Antwort ist viel einfacher: Der uns am nächsten gelegene Stern ist natürlich die Sonne. Manchmal nehmen wir sie gar nicht mehr als einen Stern wahr, sondern eher als den Wärme und Tageslicht spendenden Mittelpunkt unseres Sonnensystems. Doch ein jeder weiß natürlich, dass die Sonne trotzdem ein Stern ist, wie unzählige weitere Objekte im Universum ebenfalls. Es gibt mehr Sterne im Universum als Sandkörner auf unserem Planeten. Der Sonne haben wir das Leben und unser aller Dasein zu verdanken. Denn die Energie, welche die Sonne in Form von Licht und Wärme abstrahlt, ist ein zwingender Bestandteil dafür, dass sich das Leben auf der Erde entwickeln konnte und auch nach wie vor bestehen darf. Der Einfluss der Sonne auf uns und unseren Planeten ist mächtig und allgegenwärtig. Durch Explosionen auf ihrer Oberfläche entstehen manchmal massive Winde. Diese nennt man Sonneneruptionen. Sie beinhalten unzählige elektrisch geladene Teilchen. Wenn diese auf die Erde treffen, sind sie in der Lage landesweite Stromnetze lahmzulegen. Unsere heutige vom elektronischen Strom abhängige Gesellschaft kann so auf einen Schlag ins Mittelalter zurückversetzt werden. Aber die Sonnenwinde sorgen auch wiederum für eines der schönsten Naturereignisse, das wir überhaupt kennen: Das Polarlicht, auch "Aurora Borealis" und "Aurora Australis" genannt, ist eine spektakuläre Leuchterscheinung am Himmel über dem Nord- und Südpol. Diese bunten Lichter entstehen, wenn elektrisch geladene energiereiche Teilchen aus den Sonnenwinden in die Erdatmosphäre eintreten und dort mit Sauerstoff und Stickstoff reagieren. Übrigens hat auch der Planet Jupiter gigantisch große Polarlichter.

Die Sonne hat eine Lebensdauer von etwa 10 Milliarden Jahren. Aktuell befindet sie sich in der Blütezeit ihres Lebens, denn sie ist mit knapp 5 Milliarden (exakter Wert: 4,57 Milliarden) Jahren genau im mittleren Alter. Ihre Masse ist mit einer sogenannten Sonnenmasse der kosmische Durchschnitt. Man könnte auch sagen, sie gehört quasi zu den Ottonormalverbrauchern unter den Sternen. Eine Sonnenmasse hat wiederum 333.000 Erdmassen (exakter Wert: 332.946 Erdmassen). Sie ist also 333.000 Mal so schwer wie der Planet auf dem wir leben. Zum Vergleich: Der Jupiter, welcher der größte Planet in unserem Sonnensystem ist, hat knapp 318 Erdmassen. Er ist zweieinhalb Mal so schwer (exakter Wert: 2,47 mal) wie alle anderen Planeten in unserem Sonnensystem zusammen. In unserem Sonnensystem ist jedoch dennoch unser Zentralgestirn in Sachen Größe und Masse unerreicht. Nichts im Sonnensystem kommt an die Sonne heran. Auch nicht der Jupiter. Sie besitzt ganze 99,86% der gesamten Masse im Sonnensystem. Was den Rest des Universums betrifft, sieht das Ganze jedoch völlig anders aus. Im galaktischen Gesamtbild ist nicht nur unsere Sonne, sondern auch das gesamte System darum verschwindend klein.

(Polarlichter am Nachthimmel der Nordhalbkugel.)

Sternentstehung. Doch was ist die Sonne eigentlich? Was sind Sterne und woraus bestehen sie? Es steckt mehr dahinter als nur ein Feuerball um den sich Planeten drehen. Auch hier spielt die Mutter aller Kräfte wieder eine entscheidende Rolle. Denn sowohl Sterne als auch Planeten entstehen im Endeffekt durch nichts Anderes als Gravitation. Dies geschieht jedoch auf verschiedene Weisen. Widmen wir uns zunächst den größeren Objekten: Den Sternen. Im Universum gibt es viele Gaswolken. Diese bestehen aus den beiden leichtesten chemischen Elementen: Wasserstoff (H) und Helium (He). Diese Gaswolken können oftmals mehrere Lichtjahre groß sein. Auch Gas ist Materie, die eine Gravitation ausübt. Die Gaswolken sammeln sich und ziehen sich durch die gravitative Wirkung gegenseitig an. Somit wird immer mehr Material innerhalb der Gaswolken angehäuft, das sich nach und nach verdichtet. Unter ihrer eigenen Gravitation fallen die Gaswolken dann in sich selbst zusammen. Folglich sammelt sich damit auch immer mehr Masse auf einem Punkt an und somit erhöht sich auch die Gravitation. Dies bewirkt ein immer stärkeres Anziehen von weiterem Material aus der Umgebung und so kann der neugeborene Gasball wachsen. Irgendwann hat dieser so viel Masse angehäuft, dass er unter seinem eigenem Schweredruck so heiß wird, dass er zum brennenden Feuerball mutiert. Da die Gaswolken meist mehrere Lichtjahre groß sind, entsteht in ihnen auch nie nur ein einziger Stern für sich alleine. Es sind immer mehrere und somit spricht man hier auch von Sternentstehungsgebieten. Auch die aus den Gaswolken entstandenen Sterne bestehen zunächst erst mal fast ausschließlich aus Wasserstoff (H) und Helium (He). Auch Gasplaneten wie Saturn und Jupiter entstehen so. Allerdings geschieht dies in kleineren Gasgebilden und -gebieten. Diese sind dann eher Lichtstunden als Lichtjahre groß. Hätte beispielsweise der Jupiter noch mehr Masse anhäufen können, hätte tatsächlich auch er ein Stern werden können. Ab etwa 13 Jupitermassen beginnt die Klasse der "Braunen Zwerge". In diesen finden bereits Kernfusionsprozesse statt, doch es entsteht noch kein Brennen, da dazu der Schweredruck noch nicht ausreicht. Daher nehmen die braunen Zwerge eine Sonderposition zwischen Planeten und Sternen ein. Ab etwa 70 Jupitermassen beginnt hingegen dann ein solch schweres Gasobjekt zu brennen und chemische Elemente in seinem Inneren auszubrüten. Damit wird es zum vollständigen Stern. Ab da startet die Klasse "Roter Zwerg".

Proxima Centauri. Der nächste Stern nach unserer Sonne ist "Proxima Centauri". Er ist ein solcher Roter Zwerg und gerade mal 4,2 Lichtjahre entfernt. Man müsste also etwas über vier Jahre mit Lichtgeschwindigkeit reisen, um ihn zu erreichen. In diesem Fall gibt es allerdings direkt mehrere Besonderheiten. Zum einen ist Proxima Centauri zwar ein richtiger Stern, doch kreist er wie ein Planet um ein deutlich größeres Zentralgestirn namens "Alpha Centauri". Dieses System befindet sich im Sternbild des "Zentauren". Zudem gibt es in diesem System auch noch einen weiteren Stern, wodurch sich sogar ein Dreifachsternsystem ergibt. Das bedeutet, dass Proxima Centauri nicht der Mittelpunkt seines Systems ist. Aber eben aufgrund dessen, dass er sich auf einer Umlaufbahn bewegt, ist er uns zu bestimmten Zeitpunkten noch näher als Alpha Centauri. Zum anderen glaubt man in seinem Planetensystem einen sogenannten Exoplaneten entdeckt zu haben. Exoplaneten sind erdähnliche Gesteinsplaneten, auf denen Leben möglich sein könnte. Dass ausgerechnet im nächstgelegenen Sternensystem gleich einer dieser seltenen Planeten entdeckt wurde, war ein großartiger Zufall. Doch inzwischen hat man tatsächlich bereits tausende solcher Exoplaneten in der weiteren Nachbarschaft unseres Sonnensystems gefunden, weshalb der Fund im Alpha-Centari-System gar nicht mehr so überraschend ist.

Proxima Centauri war Ende 2020 oft im Gespräch, da man auf der Erde ein Radiosignal von dort empfing. Man konnte zwar ausschließen, dass es irdischen Ursprungs war, jedoch wurden in dem Signal auch keinerlei Veränderungen festgestellt, was für eine künstliche Informationsübertragung zwingend notwendig wäre. Es handelt sich also höchstwahrscheinlich um einen natürlichen Ursprung. Mittlerweile hat man eine ganze Reihe an Theorien aufgestellt, die eine Erklärung oder Ursache beinhalten, was das Signal hätte verursacht haben können. Zum Beispiel Satelliten die um die Erde kreisen und das Signal fälschlicherweise verursachen oder dass das Signal von irgendwo weit hinter Proxima Centauri aus dem Weltall kommt.

Polarstern. Der bei der Bevölkerung wahrscheinlich bekannteste Stern an unserem Nachthimmel ist der Polarstern oder auch "Polaris" oder "Nordstern" genannt. Er ist der hellste Stern im Sternbild "Kleiner Bär", auch als "Kleiner Wagen" bekannt und findet sich sogar auf der Flagge Alaskas wieder. Da er nicht nur sehr hell ist, sondern auch nahezu über dem Nordpol des Himmels steht, ist er ein geeignetes Mittel, um sich in klaren Nächten am Himmel orientieren zu können. Schon in der frühen Schifffahrt wurde er als Navigationshilfe verwendet. Er ist ein "Überriese" und rund 430 Lichtjahre von der Erde entfernt. Er besitzt etwa die 4,5-fache Sonnenmasse und ist das Zentralgestirn eines Dreifachsternsystems. Häufig sagt man dem Polarstern aufgrund seiner Bekanntheit und seiner starken Helligkeit nach, dass er der hellste Stern am Nachthimmel sei, was jedoch nicht stimmt.

Sirius. Der tatsächlich hellste Stern am Nachthimmel hingegen, ist weder der Polarstern, noch der, welcher uns am nächsten ist. Sein Name lautet "Sirius" und darüber hinaus ist er auch als "Hundsstern" bekannt. Er ist 8,6 Lichtjahre entfernt und damit recht nahe. Außerdem ist er der zentrale Teil eines Doppelsternsystems. Er findet sich im Sternbild "Großer Hund" und ist außerdem Teil des "Wintersechsecks", welches eine markante Konstellation aus besonders hellen Sternen ist. Zu ihm gehört auch der bekannte Rote Riese "Aldebaran". Sirius besitzt hingegen 2,2 Sonnenmassen und ist 1,7 Mal so groß wie unser Stern. Von den Zahlenwerten her also nichts Besonderes. Dennoch ist er mit Abstand der hellste Stern an unserem Nachthimmel. Er ist sogar fast doppelt so hell wie der zweithellste Stern "Canopus". Als auffällig heller Stern findet sich Sirius, ähnlich wie der Polarstern, in unzähligen Mythen, Religionen, Kulturen und Bräuchen wieder.

Rigel. Ebenfalls sehr hell und äußerst bekannt unter Fans der Astronomie ist "Rigel". Seines Zeichens "Blauer Riese" mit 17 Sonnenmassen und einer beeindruckenden Größe vom 62-fachen Ausmaß unserer Sonne. Er gehört zum Sternbild "Orion" und ist ebenfalls Teil des "Wintersechsecks". Auch er gehört zu den hellsten Sternen am Nachthimmel. Um genau zu sein, ist er der Siebthellste. Im Vergleich zu Proxima Centauri und Sirius, ist er allerdings bereits 650 - 900 Lichtjahre von uns entfernt. Rigel ist äußerst beliebt bei Sciencefictionfans und -autoren. Des Öfteren finden er und sein System in Büchern, Filmen und Serien Erwähnung, in denen in der Regel der Stern oder sein System von der Realität allerdings bedeutend abweichen.

Beteigeuze. Am meisten Bekanntheitsgrad hat in den letzten Jahren allerdings wohl der sogenannte Rote Überriese "Beteigeuze" generiert. Er ist etwa 640 bis 770 Lichtjahre entfernt. Auch er gehört zum Sternbild "Orion" und auch er ist wieder Teil des "Wintersechsecks". Er hat eine ungefähre Schwere von 19 Sonnenmassen. Seine Besonderheit ist allerdings eher seine Größe. Er besitzt den unglaublichen 760-fachen Radius der

Sonne. Das heißt, dass er entsprechend auch um diesen Wert größer ist. Der Name "Überriese" ist bei ihm wahrlich angebracht.

Beteigeuze erregte ab Oktober 2019 große Aufmerksamkeit. Als einer der hellsten Sterne am Nachthimmel (Platz 9) verdunkelte er sich massiv und verlor seinen ursprünglichen Rang. Während dieses Zeitraumes rangierte er nur noch an Platz 21. Dies war tatsächlich sogar mit bloßen Augen erkennbar. Experten und Wissenschaftler vermuteten hier zunächst verschiedene Ursachen. Die Hoffnung lag allerdings bei einer Supernova, welche das Ende eines solch großen Sterns einleitet. Wenn es zu einer solchen kommt, verdunkelt sich der Stern, bevor er dann explodiert. Riesensterne wie Beteigeuze als roter Überriese, deren Masse recht hoch ist und deren Sternenleben deshalb vergleichsweise extrem kurz ist, sind prädestiniert für eine Supernova. Viele hofften darauf, dass es sich tatsächlich um das Ende des Sterns handelte, denn eine Supernova zu sehen, wäre das wohl spektakulärste Naturereignis, das die Menschheit je hätte beobachten können. Die Supernova wäre für einige Wochen selbst bei Tag am Himmel mit der ungefähren Leuchtkraft des Vollmondes, mit bloßem Augen zu sehen gewesen. Im April 2020 kehrte die gewohnte Leuchtkraft von Beteigeuze dann aber wieder zurück. Für viele Menschen war dies eine große Enttäuschung. Im August 2020 wurde das Verdunklungsphänomen schließlich und schlussendlich im Rahmen eines Forschungsprojektes geklärt. Die Ursache sei gewesen, dass der Stern eine riesige Materialwolke in den Weltraum ausgestoßen habe, welche erkaltet ist und sich dann im Sichtfeld zwischen der Erde und dem roten Überriesen befand. Ein Teil der Lichtemissionen des Sterns wurde durch die Wolke abgeschirmt und aus Sicht der Erde verdunkelte sich somit der Stern.

Nimmt man einmal an, dass Beteigeuze ca. 700 Lichtjahre (Mittelwert) entfernt ist, wäre die Supernova, die man hätte sehen können, wenn es denn zu einer solchen gekommen wäre, bereits vor 700 Jahren passiert. Das Licht dieser gigantischen Explosion und die Entfernung die es zurückgelegt hätte, hätte uns also erlaubt, entsprechend über 700 Jahre weit in die Vergangenheit zu schauen.

Stephenson 2-18. Als größte bekannte Sterne werden fälschlicherweise oftmals "VY Canis Majoris" und "UY Scuti" genannt. Doch diese gehören lediglich zu den größten Sternen in unserer näheren Umgebung beziehungsweise in der Milchstraße. Und diese Roten Überriesen sind wahrlich gigantisch. Das lässt sich nicht bestreiten. Sie besitzen ein schon kaum noch vorstellbares Ausmaß. In Wahrheit gibt es aber noch größere Sterne. "Stephenson 2-18" befindet sich im Sternhaufen "Stephenson 2" und ist etwa 20.000 Lichtjahre entfernt. Seine Größe schätzt man auf das 2158-fache der Sonne, womit dieser Stern der größte ist, den wir bis jetzt gefunden haben. Er hat ein unglaubliches Volumen, das zehnmilliardenmal so groß ist wie das der Sonne. Dieser Gigant und auch die beiden zuvor genannten Sterne haben etwas gemeinsam: Sie sind alle drei Rote Überriesen. Das bedeutet, dass sie sich im Endstadium ihrer Brennphase befinden. Ein Anwachsen des Volumens um ein Vielfaches ist in dieser Phase normal. Nichtsdestotrotz sind diese Sterne unverhältnismäßig groß und gehören deshalb der Superlative an.

R136a1. Ein Kandidat, der ebenfalls die Superlative anführt, ist der Stern "R136a1". Er wird von den Astronomen mit einer Schwere von 265 Sonnenmassen bestimmt und ist damit der schwerste aller bekannten stabilen Sterne. Man nimmt an, dass der Stern ursprünglich sogar 320 Sonnenmassen hatte. Mittlerweile habe er durch die extremen Verbrennungsprozesse in seinem Inneren, die fehlende Masse in Form von Strahlung und Energie abgegeben. R136a1 strahlt zehnmillionenmal heller als die Sonne. Zum Vergleich: Er würde unsere Sonne ungefähr so überstrahlen, wie die Sonne den Mond. Wer bereits den Mond am Tageshimmel gesehen hat, hat eine ungefähre Vorstellung davon. Experten bescheinigen dies. Allerdings bestimmten die Experten bisher auch, dass Sterne nur 150 Sonnenmassen schwer werden können und danach instabil werden. Dafür gab es ein physikalisches Gesetz. Dieses wurde jetzt allerdings um den Faktor 2 nach oben erweitert. Das heißt also unterm Strich, dass die Wissenschaft von einem Maximum an 300 Sonnenmassen pro Stern ausgeht.

(Blick von der Erde auf die Große und die Kleine Magellanische Wolke am Nachthimmel.)

Magellanische Wolken. R136a1 befindet sich im "Tarantelnebel", welcher Teil der "Magellanischen Wolken" ist. Die "Große Magellanische Wolke" und die "Kleine Magellanische Wolke" sind Zwerggalaxien und begleiten unsere Milchstraße. Sie bewegen sich um unsere Galaxie herum, wie der Mond um die Erde. Die Große Magellanische Wolke ist rund 163.000 Lichtjahre entfernt und enthält ungefähr 15.000.000.000 Sterne. Die Kleine Magellanische Wolke ist hingegen 200.000 Lichtjahre entfernt, besitzt aber dagegen nur 5.000.000.000 Sterne.

Sonnensystementstehung. Während Sterne entstehen und wachsen, wächst auch ihre Gravitation. Daher sammelt sich immer mehr Material um den jungen Stern, welches letztendlich eine weitreichende Scheibe um das gravitative Zentrum bildet. Diese besteht aus Gas und Staub und wird Akkretionsscheibe genannt. In ihr entstehen die Planeten, indem das Material aufeinander trifft und sich verdichtet. Sterne können bei ihrer Entstehung einen Drehimpuls bilden. Diesen nennt man Rotation. Durch die von ihnen ausgehende Gravitation und den Drehimpuls wird das von ihnen angezogene Material nicht nur beschleunigt, sondern ebenfalls in Rotation versetzt. Das Material wird dadurch auf eine spiralförmige Umlaufbahn gebracht und somit davon abgehalten sofort auf den Stern zu stürzen. So bleibt genügend Zeit, sodass das Material zunächst eine weitreichende Scheibe um den jungen Stern bilden kann. Sie entsteht in einer Art annäherndem Gleichgewicht zwischen der Anziehungskraft des Sterns und der Rotation. In einer solchen Akkretionsscheibe können dann Planeten durch Kollision des Materials untereinander entstehen. Zunächst treffen einzelne Staubpartikel aufeinander. Nach und nach bekommen sie die Größe von Murmeln und wachsen weiter zu Schneebällen. Hat sich Material im Durchmesser von etwa einem Kilometer angesammelt, macht sich die Gravitation bemerkbar. Je größer der junge Planet wird, desto stärker werden seine Gravitationskräfte und desto schneller zieht er weiteres Material aus der Scheibe an sich und wächst. Auf diese Art und Weise können Planeten entstehen, die zehnmal mehr Masse haben als unsere Erde. Auch unser gesamtes Sonnensystem ist so entstanden. Im äußeren Teil des Sonnensystems jenseits des Neptuns finden sich heute noch weitreichend jede Menge Materialreste dieser Scheibe.

Planeten. Die Planeten in unserem Sonnensystem bestehen bei Weitem nicht alle aus Gas, wie es zum Beispiel bei den beiden größten Jupiter und Saturn der Fall ist. Unsere Erde ist ein Felsen- beziehungsweise Gesteinsplanet. Diese entstehen im Wesentlichen aus kollidierenden Staubpartikeln. Die vier sonnennächsten und gleichzeitig auch kleinsten Planeten in unserem Sonnensystem bestehen alle aus annähernd dem gleichen Material. Merkur, Venus, die Erde und Mars haben jeweils einen Kern aus Metall und sind weiterhin von einer Gesteinshülle umgeben. Bei Jupiter und Saturn sieht es dann bereits anders aus. Sie bestehen weitestgehend aus Wasserstoff (H), Helium (He) und minimalen Spuren von anderen Gasen. Denkbar wäre bei ihnen auch ein Kern aus Gestein. Beim Jupiter wird durchaus allgemein vermutet, dass er einen etwa 20 Erdmassen großen Kern aus Gestein und Eis hat. Jedoch ist sich die Wissenschaft darüber noch nicht einig. Neptun und Uranus sind hingegen Eisplaneten. Jedoch handelt es sich dabei nicht um Eis, wie wir es von der Erde kennen. Sie bestehen überwiegend aus Wasser, Ammoniak und Methan. Darüber hinaus ist es bei Uranus bereits sicher, dass er einen Gesteinskern hat. Der noch weiter entfernte Neptun hat dagegen einen Metallkern.

(Künstlerische Darstellung eines jungen Sterns mit Akkretionsscheibe, aus der ein Planetensystem entstehen wird)

Sonnensystem. Unser Sonnensystem ist wie folgt aufgebaut: Zentral in der Mitte steht die Sonne. Ein massereicher Stern, dessen Gravitation überhaupt erst für das Entstehen und auch Bestehen des Sonnensystems verantwortlich ist. Um sie herum drehen sich die nachfolgend entstandenen Planeten in folgender Reihenfolge:

1. Merkur
2. Venus
3. Erde
4. Mars
5. Jupiter
6. Saturn
7. Uranus
8. Neptun

(Unser Sonnensystem mit allen Planeten im korrekten Größenverhältnis zueinander. Ceres hier stellvertretend für den Asteroidengürtel im Sonnensystem zwischen Mars und Jupiter, da Ceres als Zwergplanet das größte Objekt im Asteroidengürtel ist.)

Wem es schwer fällt sich die Reihenfolge der Planeten im Sonnensystem zu merken, für den gibt es einen uralten und simplen Trick. Der folgende Satz ist ein wahrer Klassiker. Er enthält die Anfangsbuchstaben der Planeten in der richtigen Reihenfolge:

"**M**ein **V**ater **E**rklärt **M**ir **J**eden **S**onntag **U**nsere **N**eun **P**laneten."

Merkur, **V**enus, **E**rde, **M**ars, **J**upiter, **S**aturn, **U**ranus, **N**eptun, **P**luto.

Pluto. Wie Sie sehen können, gibt es zwischen dieser Aufzählung der Planeten und der vorherigen einen bedeutenden Unterschied. In der ersten Aufzählung sind nur acht Planeten genannt. In der Zweiten jedoch neun. Hier ist der Pluto noch vertreten. Früher galt Pluto als neunter Planet im Sonnensystem. Als man jedoch herausfand, dass er nur einer von vielen kleinen Zwergplaneten im äußeren Gürtel des Sonnensystems ist, musste man ihm seinen Status als vollwertigen Planeten aberkennen. Seitdem gilt er nur noch als Zwergplanet. In der letzten Aufzählung ist der Pluto jedoch noch vorhanden, da das Sprichwort beziehungsweise der Merksatz mit den neun Planeten deutlich älter ist als der Beschluss, dass Pluto nicht mehr dazugehört.

Ein Objekt gilt dann als Planet, wenn die folgenden drei Bedingungen erfüllt sind:

1. Er muss sich auf einer Umlaufbahn um das Zentralgestirn, also die Sonne, drehen.
2. Er muss rund sein und die Form einer Kugel haben.
3. Er muss in seiner Umgebung "aufgeräumt" haben. Das bedeutet, dass seine gravitative Wirkung dafür gesorgt haben muss, dass alle Objekte in seiner Nähe entweder zu ihm gehören oder von ihm weggeschleudert werden.

Planet Neun. Unser Sonnensystem birgt möglicherweise ein großes Geheimnis. Wenn man heutzutage von Planet Nummer neun oder einem neunten Planeten spricht, dann ist damit längst nicht mehr der Pluto gemeint. Dass das Sonnensystem nach der Aberkennung von Plutos Planetenstatus nur noch acht Planeten hatte, könnte sich bald wieder ändern. Normalerweise gilt unser Sonnensystem als relativ gut erforscht. Doch auch hier werden wir immer wieder eines Besseren belehrt, indem wir neue Dinge entdecken, die viel Erklärungs- und Forschungsbedarf mit sich bringen. Aktuell scheint es so, als würde etwas Großes in den Weiten des Sonnensystems auf uns warten. So vermuten viele Astrophysiker und andere Wissenschaftler, dass sich sehr weit draußen im Sonnensystem jenseits von Neptun ein weiterer großer Planet befinden muss, den wir bisher schlichtweg noch nicht sehen konnten. Denn nur so lässt sich die Bewegung einiger im sogenannten "Kuipergürtel" angesiedelter Objekte erklären. Dieser ist ein Gürtel aus Materialresten des jungen Sonnensystems. Pluto und sein Mond Charon sind übrigens Teil des Kuipergürtels. Durch die Gravitation eines etwaigen Planeten mit einer bestimmten und recht großen Masse, würde so viel Einfluss auf die Objekte im Kuipergürtel ausgeübt werden, dass dies ihre ansonsten unerklärlichen Bewegungen und Bahnen erläutern könnte. Inzwischen trifft dies schon auf über 20 Himmelskörper im äußeren Sonnensystem zu. Exakt auf diese Art und Weise hat man auch den Planeten Neptun gefunden. Nur durch die Bewegungen des bereits zuvor entdeckten Uranus vermutete man, dass sich noch ein weiterer massereicher Planet weiter außen befinden muss. Computersimulationen haben die Anwesenheit eines massereichen neunten Planeten inzwischen auch bestätigt. Er müsste ungefähr die zehnfache Masse der Erde haben und seine Umlaufbahn um die Sonne beträgt circa 10.000 bis 20.000 Jahre. Es dauert also unheimlich lange, bis er einmal auf seiner Umlaufbahn die Sonne umkreist hat. Aufgrund seiner weiten Entfernung und der Lichtärme im äußeren Sonnensystem konnten wir ihn bis jetzt nicht sehen. Denn jenseits von Neptun ist nicht mehr wirklich viel Sonnenlicht vorhanden. Planet neun kann sich aller Wahrscheinlichkeit nach aber nicht mit einer solchen Masse so weit außerhalb des Sonnensystems gebildet haben. Dort wäre schlichtweg nicht die Menge an Material vorhanden. Daher vermutet man, dass der Planet sich bereits zuvor tiefer in unserem Sonnensystem befunden hat und vor langer Zeit durch die Gravitation eines anderen Objekts herausgerissen wurde.

Ist es nicht sympathisch zu wissen, dass die Forscher nicht nur in utopischen Entfernungen nach fremden Galaxien, dunkler Materie usw. suchen? Scheinbar gibt es auch vor unserer eigenen Haustür noch einiges zu entdecken und es ist gut zu wissen, dass sich auch damit beschäftigt wird.

(Gasplanet Saturn, Nummer 6 in unserem Sonnensystem, mit seinen pittoresken Ringen.)

Saturn. Ein besonders beliebtes Objekt in unserem Sonnensystem ist der Gasriese Saturn. Um ihn herum befinden sich breite Ringe, die ihm eine unnachahmliche und wunderschöne Optik verleihen. Die Saturnringe sind aus unzähligen kleinen Objekten gebildet, welche vermutlich kosmische Trümmer sind. Obwohl der Saturn sage und schreibe 82 bestätigte Monde besitzt, findet sich keiner davon in den Ringen wieder. Denn diese enthalten hingegen unzähliges Gesteins- und Eismaterial. Genau genommen enthalten jedoch auch sie Monde, die allerdings Teil des Ringmaterials sind. Mittlerweile hat man bereits über 1.000 davon zählen können. Tatsächlich haben auch Jupiter, Uranus und Neptun Ringe. Jedoch sind diese um ein Vielfaches dünner und für uns kaum sichtbar.

Jupiter. Wenn es um die Planeten in unserem Sonnensystem geht, kommt man am Jupiter im wahrsten Sinne des Wortes nicht vorbei. Der größte und schwerste Planet trägt genau wie der Saturn zur Stabilität unseres Sonnensystems bei. Bei Jupiter ist dies jedoch weitaus bedeutender. Denn er besitzt 70% der Masse aller Planeten im Sonnensystem. Doch das ist noch nicht alles. Mit seiner deshalb vergleichsweise hohen Anziehungskraft schützt er die Erde auch vor Asteroiden und Kometen. Zwischen Mars und Jupiter befindet sich ein bedrohlicher Asteroidengürtel, der auch viele bekannte Zwergplaneten wie beispielsweise "Ceres" enthält. Wenn der Jupiter nicht mehr da wäre, würde die Sonne diese Asteroiden zu sich ziehen. Dabei wirkt der Mars mit seiner eher schwachen Gravitation auch noch beschleunigend auf die Asteroiden, während sie auf dem Weg zur Sonne Richtung Erde schießen würden. Das gesamte Sonnensystem befindet sich in einem empfindlichen und harmonischen Gleichgewicht, zu dem vor allem die Sonne und der Jupiter, aber auch geringfügig der Saturn, beitragen.

(Gasriese Jupiter, Planet Nummer 5 in unserem Sonnensystem, mit dem auffälligem Großen Roten Fleck.)

Auf dem Jupiter gibt es einen markanten rotorangenen Punkt, der beim Betrachten immer wieder direkt ins Auge schießt. Dabei handelt es sich um einen lang anhaltenden gigantischen Sturm auf der Südhalbkugel des Planetens. Er trägt einfachheitshalber den Namen "Großer Roter Fleck" und ist circa anderthalb mal so groß wie unsere Erde. Um den riesigen Jupiter einmal zu umrunden, benötigt er gerade mal knapp 10 Stunden.

Sternentod. Wie bereits erläutert, bewirkt die Gravitation die Bildung von Sternen und Planeten. Doch das ist noch nicht alles. Sie sorgt tatsächlich auch gleichzeitig wieder für das Sterben solcher kosmischen Objekte. Denn ein Stern ist nichts weiter als ein Kernfusionsreaktor und das bedeutet, dass er seinen eigenen Brennstoff mit der Zeit verbraucht. Und damit ist ein

Sternenleben ganz klar begrenzt. Im Inneren eines Sternes laufen Prozesse ab, die Atomkerne miteinander verschmelzen lassen. Dies liegt daran, dass der Stern durch seine eigene Schwere einen solchen Druck auf sich selbst ausübt, dass die Atome so extrem zusammengequetscht werden, dass ihre Kerne anfangen miteinander zu verschmelzen. Auf diese Weise werden alle chemischen Elemente des Periodensystems bis zum Eisen (Fe) durchfusioniert und produziert. Dabei ist der Stern aufgebaut wie eine Zwiebel. Er besitzt verschiedene Schichten, in denen verschiedene Elemente erbrütet werden. Der aus Gas bestehende Stern beginnt zunächst ganz außen mit dem leichtesten aller Elemente, da dort der Schweredruck am schwächsten ist. Dabei handelt es sich um das leichteste aller Elemente, den Wasserstoff (H), welcher auch der Hauptbestandteil des Sterns ist. Dieser wird dann durch den Schweredruck zum nächst schwereren Element fusioniert. Dies ist wiederum das Edelgas Helium (He). In den nachfolgenden Schichten vollziehen sich die Fusionsprozesse dann immer auf diese Art weiter, bis das Element Eisen (Fe) erreicht ist. Dies bildet im gravitativen Zentrum, also in der Mitte des Sterns, den Kern. Bei solchen Kernfusionsprozessen entsteht Energie, die in Form von Licht und Wärme abgestrahlt wird. Unsere Sonne verliert auf diese Art und Weise 4 Millionen Tonnen Masse pro Sekunde. Die Wärmestrahlung wirkt dabei gegen die Gravitation des Sterns und erhält dadurch ein Gleichgewicht das verhindert, dass der Stern unter seiner Gravitation in sich zusammenfällt. Im Laufe eines Sternenlebens nimmt die Wärmestrahlung jedoch zu, weshalb sich Sterne vor allem gegen Ende ihres Lebens um ein Vielfaches ihres ursprünglichen Volumens aufblähen. Dann werden sie zum Roten Riesen, wie beispielsweise Beteigeuze einer ist. Dabei verschlucken sie oftmals auch einen nicht unerheblichen Teil ihres Planetensystems. Ist der Stern mit seinen Fusionsprozessen beim Eisen angelangt, steht sein Ende unmittelbar bevor. Eisen ist zwar bei Weitem nicht das letzte beziehungsweise schwerste Element, doch der Stern kann an dieser Stelle nicht mehr weitermachen. Denn wenn Eisenatomkerne miteinander verschmolzen werden, wird dabei keine Energie mehr freigesetzt. Der Stern hat seinen nuklearen Brennstoff verbraucht und findet damit sein Ende.

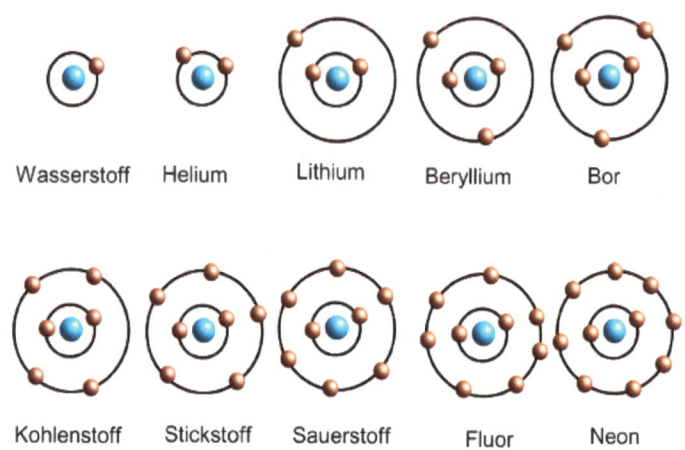

(Die ersten 10 Elemente des Periodensystems, wie sie in einem Stern fusioniert werden, mit dazugehörigem Atommodell. Im Inneren der Atomkern (Protonen und Neutronen) und auf den äußeren Schalen die Elektronen. Je mehr dieser Teilchen in einem Atom vorhanden sind, desto größer und desto schwerer ist es.)

Die erbrüteten Elemente werden dabei an das Weltall abgegeben. Dies geschieht je nach Masse des Sterns auf zwei unterschiedliche Arten:

1. Die Wärmestrahlung gewinnt gegen die Gravitation und die äußeren Schichten des Sterns werden schlicht-

weg ins All abgestoßen. Ein weitreichender Nebel entsteht. Der berühmte "Krebsnebel" ist zum Beispiel ein solches Gebilde aus abgestoßenen Sternenschichten.
2. Wenn die Masse des Sterns hoch genug ist, gewinnt die Gravitation gegen die Wärmestrahlung. In diesem Fall implodiert der Stern. Die äußeren Schichten werden stark beschleunigt und mit etwa einem Fünftel der Lichtgeschwindigkeit auf den Eisenkern gezogen, prallen dort wieder ab und werden dann explosionsartig ins All geschleudert.

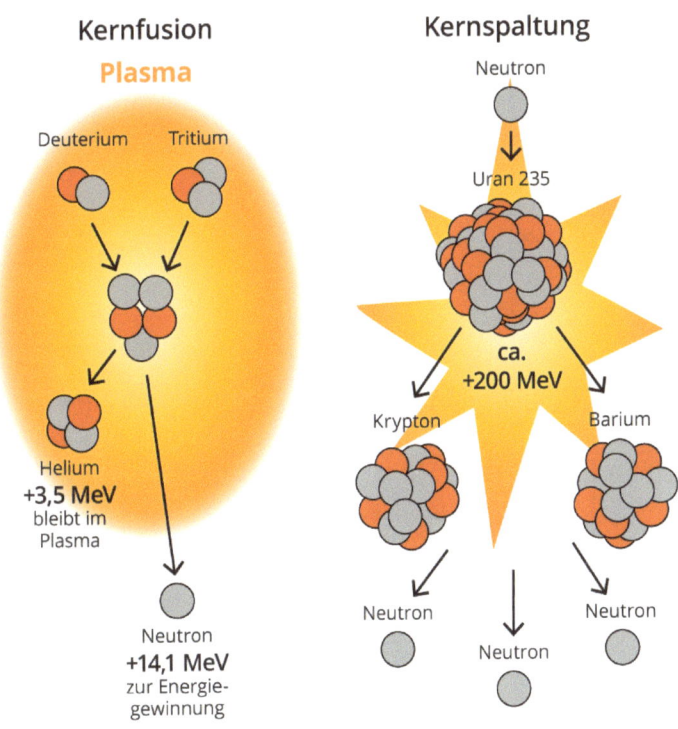

(Unterschied zwischen Kernfusion (zum Beispiel in Sternen) und Kernspaltung (zum Beispiel in Atomkraftwerken).)

Mit Sternen ist es wie mit Autos: Je größer sie sind, desto mehr Verbrauch haben sie. Daher gilt: Je größer ein Stern ist und desto mehr Masse er hat, desto kürzer ist auch seine Lebensdauer. Denn je mehr Masse er hat, desto schwerer ist er auch und desto höher ist der Druck, den er zentral auf sich selbst ausübt. Desto schneller vollziehen sich dementsprechend die Fusionsprozesse in seinem Inneren.

Materiekreislauf. Auf welche Art ein Stern auch stirbt, seine Materie geht nicht verloren. Explodiert der Stern, schleudert er seine fusionierten Elemente ins Weltall hinaus. Stößt er seine Hüllen lediglich ab, entsteht ein weitreichender Nebel. Im All trifft das Material irgendwann durch die Wirkung der Gravitation wieder auf anderes Material und verdichtet sich erneut. So entstehen wieder Planeten, Asteroiden usw. Auch mehrere Generationen von Sternen können so entstehen. Aus den Überresten des Alten bildet sich wieder Neues. Ein ewiger Kreislauf der Materie, genau wie bei uns auf der Erde. Dinge werden zerstört und aus den Überresten des Alten wird wieder Neues aufgebaut. Um es mit den Worten des berühmten deutschen Astrophysikers "Harald Lesch" zu sagen: "Wir sind alle nur Sternenstaub." Denn jegliches Leben auf der Erde besteht aus Materie. Die Materie besteht aus Molekülen und diese wiederum aus Atomen. Und all diese Atome sind Überreste von vergangenen Sternen aus dem Weltraum. Und auch der Planet Erde hat sich vor langer Zeit daraus gebildet. Und aus der Materie auf der Erde sind wir Menschen hervorgegangen. So romantisch oder auch kitschig dies für manche klingen mag, tatsächlich bestehen wir so gesehen alle aus Sternenstaub. Den Sauerstoff, den wir atmen oder auch das Kalzium in unseren Knochen sind durch die Kernfusion im Inneren von Sternen entstanden und letztendlich durch ihren Tod ins Weltall gelangt. So streuen sterbende Sterne also gleichzeitig die Saat für die nächste Sternengeneration. Ein Stern ist also gewissermaßen in der Lage sich selbst zu recyceln. Unsere Sonne ist zum Beispiel bereits ein Stern der dritten Generation. So behaupten es die Wissenschaftler. Nichts ist ewig und alles ist vergänglich.

Wenn ein Stern explodiert, nennt man das "Supernova". Ereignen sich solche Supernovae, bleiben nach der Explosion grundsätzlich kompakte, aber sehr massereiche Objekte übrig. Zum einen können dies "Weißer Zwerge" sein. Zum anderen können so aber auch extrem kompakte Neutronensterne entstehen. Doch das ist noch nicht alles. Es gibt noch eine dritte Möglichkeit. Eine Supernova kann nämlich auch zur Entstehung eines Schwarzen Loches führen...

Kompaktheit. Von Kompaktheit spricht man in der Astrophysik, wenn sehr viel Masse auf sehr wenig Volumen beziehungsweise Raum angesiedelt ist. Dieser Begriff ist elementar, um die Entstehung von Schwarzen Löchern zu verstehen. Der Rote Überriese Beteigeuze ist zum Beispiel weit über siebenhundertmal so groß wie unsere Sonne. Sein Gewicht beträgt dafür aber bei Weitem nicht das Siebenhundertfache. Es liegt stattdessen gerade mal knapp unter dem Zwanzigfachen der Sonnenmasse. Das ist zwar immer noch viel, doch hier zeigt sich, dass Masse und Größe weder voneinander abhängig sind, noch proportional zueinander stehen. Das bedeutet also, dass unsere Sonne zwar weitaus leichter und auch vor allem sehr viel kleiner ist, aber im Verhältnis ist sie auch deutlich kompakter. Je mehr Masse auf einem bestimmten, vorzugsweise sehr kleinen Raum verdichtet ist, desto kompakter ist sie. Je kompakter eine große Masse ist, desto stärker ist die Gravitation und desto näher kommt sie an das Dasein eines Schwarzen Loches heran.

Weiße Zwerge. Beim Sterben eines Planeten bleiben neue meist sehr kompakte Objekte übrig. Neben den erbrüteten chemischen Elementen, die ins All abgegeben werden, bleibt oftmals an der Stelle des zuvor dagewesenen Sterns ein sehr kleiner, aber massereicher Überrest. Welcher Art dieser ist, ist von der Masse des zuvor dagewesenen Sterns abhängig. Unsere Sonne würde beispielsweise niemals zu einem Schwarzen Loch werden. Dafür besitzt sie zu wenig Masse. Vermutlich wird sie am Ende ihres Sternenlebens zu einem "Weißen Zwerg" werden. Weiße Zwerge sind nichts weiter als die inneren Überreste, die bestehen bleiben, wenn die äußeren aufgeblähten Schichten von Roten Riesen ins All abgestoßen wurden. Sie entstehen also dann, wenn keine Supernova stattfindet. Die Voraussetzung dafür ist aber, dass der Kern des sterbenden Sterns nicht mehr als 1,4 Sonnenmassen besitzt. Weiße Zwerge sind sehr massereiche und kleine, also kompakte Objekte. Sie sind die drittkompaktesten und drittdichtesten Objekte, die wir im Universum kennen. Damit sind sie auf der Liste der kompakten massereichen Objekte schon ganz vorne dabei. 97% aller Sterne werden nach ihrem Tod zu weißen Zwergen. Sie sind etwa so groß wie Zwergplaneten und werden dabei im Durchmesser höchstens 14.000 Kilometer groß. Dabei haben sie aber eine extrem hohe Dichte und wiegen bis zu 1,4 Sonnenmassen. Ein Teelöffel der Materie von Weißen Zwergen ist etwa eine Tonne schwer. Weiße Zwerge weisen außerdem eine weitere Besonderheit auf: Sie können über 100 Milliarden Jahre überleben. Diese extreme Lebensdauer erklärt sich darüber, dass sie extrem heiß sind und Wärme nur über Strahlung abgeben können. Da sie aber sehr klein sind und demnach auch nur über eine geringe Oberfläche verfügen, kann die Wärmestrahlung nur äußerst langsam abgegeben werden. Daher sind sie die Sterne, die am längsten leuchten und Wärme abgeben. Doch auch Weiße Zwerge können sterben. Zumindest theoretisch, denn dies hat bisher noch niemand mitbekommen können. Ihre Lebensdauer ist schlichtweg so hoch, dass seit der Entstehung des Universums noch kein Weißer Zwerg sein Lebensende je erreicht hat. Die Wissenschaft nimmt an, dass sie am Lebensende ihre Leuchtkraft verlieren und zu einem Schwarzen Zwerg auskühlen.

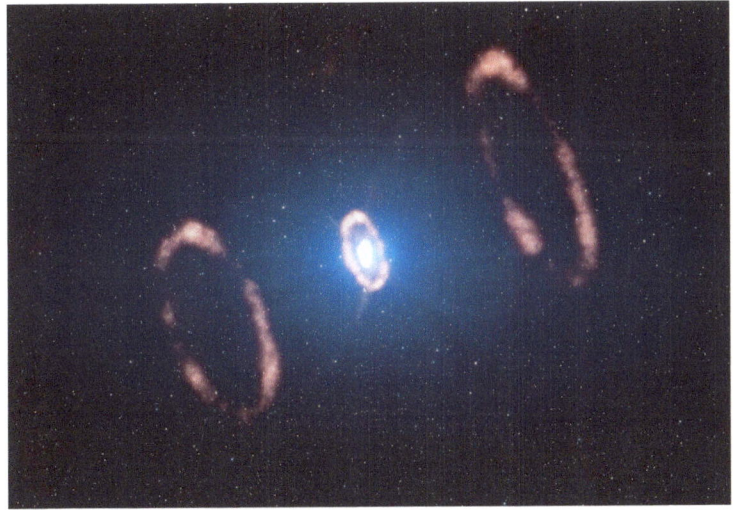

(Aufnahme einer Supernova.)

Supernova. Doch Weiße Zwerge sind noch lange nicht das Ende der Fahnenstange, wenn es um stark verdichtete kompakte Objekte im Universum geht. Es geht noch extremer. Die nächste Stufe ist der sogenannte Neutronenstern. Ein solcher entsteht, wenn ein massereicher Stern seinen nuklearen Brennvorrat aufgebraucht hat und unter seiner eigenen Masse kollidiert. Dabei muss der sterbende Stern bereits einen Eisenkern besitzen und bei einer Supernova seine restlichen Schichten ins Universum schleudern. Der Eisenkern ist dabei nichts weiter als nukleare Asche, die keine Energie mehr abgeben kann. Das Gewicht des Kerns muss allerdings größer als 1,4 Sonnenmassen sein, während das Gesamtgewicht des Sterns wiederum 8 Sonnenmassen nicht übersteigen darf. Wenn der Stern implodiert, rasen die Außenhüllen mit etwa einem Fünftel der Lichtgeschwindigkeit auf die Eisenkugel und prallen wieder an ihr ab. Es werden dabei riesige Massen mit einer unglaublichen Kraft ineinander gepresst.

Der Schweredruck, der dabei auf den Kern wirkt, ist so hoch, dass alle atomaren Bestandteile "neutronisiert" werden. Das bedeutet, dass Elektronen und Protonen auf atomarer Ebene zusammengequetscht und zu Neutronen verschmolzen werden. Elektronen und Protonen stoßen sich normalerweise gegenseitig ab und wollen sich nicht näher kommen. Doch der unglaubliche Druck verschmelzt sie zu Neutronen. Es gibt also in der Neutronensternmaterie keine Elektronen und Protonen mehr. Alles wird zu Neutronen. Daher der Name Neutronenstern. Dabei wird so viel Energie freigesetzt und es entsteht auf atomarer Ebene ein solches Chaos, dass sich Elemente bilden können, die schwerer als Eisen sind. Beispielsweise Gold (Au), Silber (Ag) oder Platin (Pt). Was dann noch übrig bleibt, da wo der Stern einmal war, ist ein Neutronenstern. Die zuvor in ihm entstandenen Elemente werden bei der Explosion in das Universum hinausgeschleudert. Während einer Supernova steigert sich die Leuchtkraft des Sterns nahezu ins Unermessliche. Sie kann dabei millionen- oder sogar milliardenfach zunehmen. Sterne, die ihr Leben mit einer solchen Explosion beenden, können während dieses Vorgangs so hell wie eine ganze Galaxie werden.

(Der Krebsnebel.)

Krebsnebel. Der "Krebsnebel" im Sternbild "Stier" ist ein wunderschön anzusehender und noch sehr junger Überrest einer Supernova. Diese ereignete sich im Jahr 1.054 und wurde damals bereits von Gelehrten und Astronomen aufgrund ihrer spektakulären Helligkeit auf der Erde beobachtet. Der Krebsnebel ist also noch nicht mal 1.000 Jahre alt, was in kosmischen Lebenslängen praktisch nichts ist. Er ist eine zerrissene Nebelwolke, die 11x7 Lichtjahre groß ist und sich dauerhaft weiter ausbreitet. Sie lässt sich wunderschön ansehen, da sie in den verschiedensten Farben erstrahlt. Dies liegt wiederum an den verschiedenen Elementen und Schichten, die der Stern bei der Supernova von sich weggestoßen hat. Im Zentrum des Krebsnebels befindet sich ein Neutronenstern, welcher der Überrest des Ursprungssterns ist.

Neutronensterne. Hat eine Supernova einen Neutronenstern geboren, besitzt dieser bereits eine unglaublich starke Gravitation. Zudem bestehen sie aus der bizarrsten und gleichzeitig stärksten Materie, die wir kennen. Aus aktueller Sicht ist sie vermutlich unzerstörbar. Neutronensternmaterie ist ungefähr eine milliardenmal dichter als der Eisenkern von Sternen. Neutronensterne sind außerdem auch die dichteste Materie und gleichzeitig die zweitkompaktesten und zweitdichtesten Objekte, die wir kennen. Schwarze Löcher sind hingegen die dichtesten Objekte, doch sie besitzen keine Materie mehr im eigentlichen Sinne. Daher gelten Neutronensterne zwar nur als die zweitdichtesten Objekte, aber dennoch als die dichteste Materie. Sie sind den weißen Zwergen sehr ähnlich, doch besitzen sie noch mehr Masse, die auf einem noch deutlich kleineren Raum zusammengequetscht ist. Sie werden kaum größer als 32 Kilometer im Durchmesser und besitzen dabei sogar bis zu 2,5 Sonnenmassen. Ein einziger kleiner Teelöffel Neutronensternmaterie hat so unglaublich viel Masse, dass er etwa eine Milliarden Tonnen wiegt. Neutronensterne sind also nach den Maßstäben die wir im Universum haben, extrem winzig und gleichzeitig irrsinnig massereich. Sie übertreffen die Weißen Zwerge noch bei Weitem. Aufgrund dessen, dass diese riesige Menge an Masse auf einen solch kleinen Raum verdichtet wird, sind Neutronensterne als auch Weiße Zwerge in der Lage durch ihre starke Anziehungskraft Material von viel größeren Planeten und Sternen abzusaugen. Wenn so etwas passiert, sind die Neutronensterne im Vergleich zu den Objekten von denen sie Material akkretieren (aufnehmen), nur winzig kleine Punkte. Doch die Macht der Gravitation lässt es zu, dass sie trotzdem die Materie eines viel größeren Objektes dominieren. Wenn dies geschieht, wachsen sie jedoch nicht unbändig weiter. Sammeln Neutronensterne weitere Materie und erhöhen damit ihre ohnehin schon gigantische Gravitation, werden sie schlussendlich zum Schwarzen Loch. Dabei können sie wieder kollabieren und eine Supernova ist erneut als Folge das Ereignis.

(Künstlerische Darstellung eines Neutronensterns, der Materie von einem vielfach Größerem Stern absaugt und eine Akkretionsscheibe um sich bildet.)

Pulsare. Als man Neutronensterne entdeckte, wusste man noch nicht was genau sie waren. Alles was man sah war ein Licht, dass mehrmals pro Sekunde wie ein Impuls ausgesendet wurde. Man taufte sie deshalb "Pulsar(e)" ("**Puls**ating st**ar**"). Neutronensterne drehen sich meist extrem schnell um sich selbst. Ihre Rotation ist dem ursprünglichen Stern geschuldet, aus dem sie entstanden sind. Sterne haben in der Regel, wie die meisten kosmischen Objekte, einen Drehimpuls und rotieren um sich selbst. Diesen können sie bereits bei ihrer Entstehung gebildet haben. Auch unsere Erde rotiert. Bei ihr dauert eine Umdrehung exakt einen Tag. Doch Neutronensterne sind um ein Vielfaches schneller. Sie drehen sich bis zu siebenhundertmal pro Sekunde um sich selbst. Der ursprünglich viel größere Stern aus dem sie entstanden sind, hat sich zwar bei Weitem nicht so schnell gedreht. Doch das Gesetz der Drehimpulserhaltung sagt unumstößlich: Je kleiner ein rotierendes Objekt wird, desto höher wird seine Drehzahl. Hierbei ist es wie beim Eiskunstlauf. Stellen Sie sich eine Eiskunstläuferin vor, die sich auf einer Stelle auf dem Eis um sich selbst dreht. Zuerst dreht sie sich mit ausgebreiteten Armen. Winkelt sie diese aber an den Körper an, wird sie damit auch kompakter. Und plötzlich dreht sie sich viel schneller um sich selbst, obwohl sie keinen zusätzlichen Schwung geholt hat. Und exakt dieser Effekt tritt auch bei Neutronensternen und Schwarzen Löchern auf. Oder besser gesagt: Bei allen kosmischen Objekten, die sich merkbar verkleinern.

Magnetare. Durch die hohe Drehgeschwindigkeit können Neutronensterne extreme Magnetfelder entwickeln. In diesem Fall nennt man sie "Magnetar(e)". Wird ein Neutronenstern zum Magnetar, ist das extrem starke Magnetfeld sogar in der Lage ihn auseinanderzureißen. Etwa jeder zehnte Neutronenstern erleidet dieses Schicksal. Auch wenn Neutronensterne bereits eine unglaublich starke Gravitation ausüben, sind sie jedoch noch immer nicht das Endstadium.

Schwarze Löcher

Sie sind das wohl Geheimnisvollste und Sagenumwobenste, was wir im Universum bisher kennen. Auch wenn sich die Menschheit mittlerweile mit geheimnisvollen Themen wie der dunklen Materie, der dunklen Energie, dem Urknall, höheren Dimensionen oder dem Raumzeitkontinuum beschäftigt, so scheinen Schwarze Löcher doch nach wie vor den größten Reiz auf uns auszuüben. Möglicherweise liegt dies schlichtweg daran, dass ihr alles vernichtendes Wesen jegliche Materie in ihrem Umfeld "verschlucken" zu können, einfach eine beunruhigende Wirkung auf unser menschliches Gemüt hat.

Die absolut letzte Stufe an kompakter Masse auf einem Raum, ist nach den Weißen Zwergen und den Neutronensternen schlussendlich das Schwarze Loch. Schwarze Löcher sind das absolute Maximum an Masse auf einem bestimmten Raum. Mehr geht nicht! Sie sind das absolute Endstadium. Masse und

Gravitation werden in einem Schwarzen Loch unendlich groß. Und dies konzentriert sich wiederum auf einen unendlich kleinen Punkt im Zentrum. Hier gibt es nur noch drei physikalische Eigenschaften:

1. Masse.
2. Rotation.
3. Elektrische Ladung.

Die uns bekannten physikalischen Naturgesetze, sein sie auch noch so elementar, gelten hier nicht mehr. Und auch Materie existiert in einem solchen Zustand nicht mehr. Schwarzen Löchern kann absolut nichts entkommen. Keine Materie, keine Informationen und nicht mal mehr das ungeheuer schnelle Licht. Schwarze Löcher sind der Sieg von Gravitation über Masse und Materie. Und damit nicht genug. Nehmen Schwarze Löcher Materie und damit weitere Masse auf, dann wachsen sie und werden größer und bedrohlicher.

Lange Zeit waren Schwarze Löcher nur mathematische Vorhersagen theoretischer Physik. Es handelte sich schlichtweg um blanke, aber wunderschöne und gleichzeitig angsteinflößende Theorie. Ursprünglich wurden sie von Albert Einstein in rein mathematischer Natur vorhergesagt. Und auch davor gab es schon Überlegungen, die in eine ähnliche Richtung führten. In der bloßen Theorie existierten sie also schon lange. In der Allgemeinen Relativitätstheorie wurden sie dann erstmals hinreichend beschrieben. Doch so sagenumwoben und geheimnisvoll Schwarze Löcher noch immer sind, mittlerweile konnten sie tatsächlich durch reale Beobachtungen nachgewiesen werden. Wir wissen also heute wirklich und wahrhaftig: Es gibt sie! Im April 2019 hat man es nun zum ersten Mal geschafft, ein "Foto" eines Schwarzen Loches zu machen. Es handelt sich dabei jedoch nicht um eine klassische Ablichtung wie wir sie aus dem Alltag kennen. Vielmehr ist es eine hochauflösende grafische Darstellung, die durch die Zusammenarbeit von Radioteleskopen auf der ganzen Erde entstanden ist.

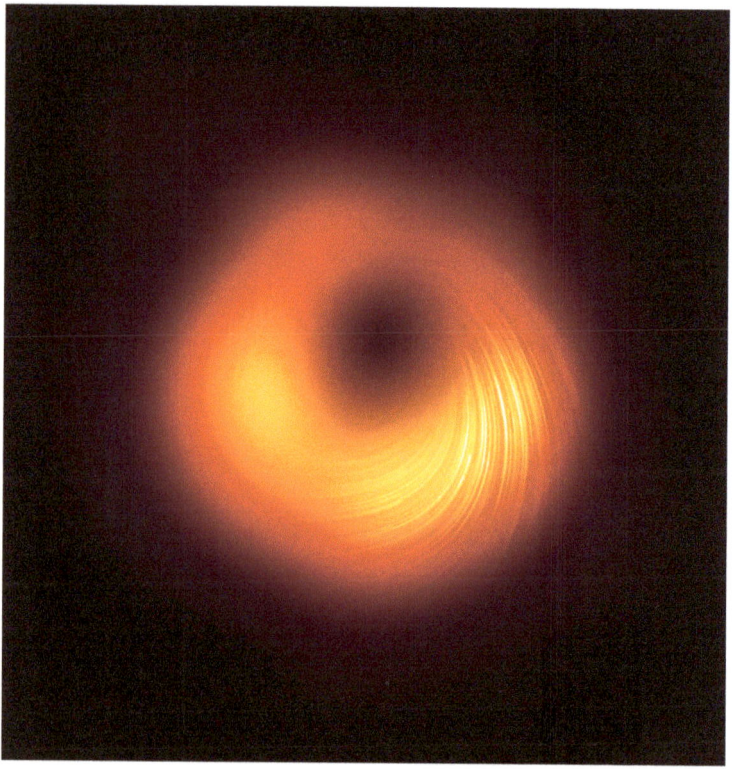

(Erstes von Menschen durch Radiowellen erzeugtes Foto von einem schwarzen Loch.)

Das auf dem Foto abgebildete Schwarze Loch ist das aktive Zentrum einer riesigen Galaxie und trägt den Namen "M87". Es befindet sich im Sternbild "Jungfrau" und gehört zu den sogenannten supermassereichen Schwarzen Löchern. Nachdem die Daten für das grafische Bild vorhanden waren, mussten diese einige Monate lang ausgewertet werden. Es handelte sich um eine Datenmenge von über 3,5 Millionen Gigabyte. Zum einen hat man sich der Radiotechnik bedient, da solche Teleskope viel "schärfere Augen" haben, als die optischen Teleskope. Zum anderen gibt es das Problem, dass Schwarze Löcher an sich gar nicht optisch "gesehen" werden können. Schließlich handelt es sich bei ihnen lediglich um tiefschwarze Kugeln, die sich im ebenfalls schwarzen Weltall befinden. Es gibt allerdings verschiedene Faktoren an denen man Schwarze Löcher dennoch mit an Sicherheit grenzender Wahrscheinlichkeit ausfindig machen kann.

1. **Rotierende Akkretion.** Schwarze Löcher sind uns in zwei verschiedenen Existenzvarianten bekannt: Rotierend und nicht rotierend. Genau wie bei Neutronensternen lässt sich der Drehimpuls durch den ursprünglichen Stern erklären, aus dem sich die Löcher gebildet haben. Und je kompakter das Überbleibsel nach der Supernova wird, desto extremer wird auch seine Drehung. Kommt es nun, dass ein rotierendes Schwarzes Loch durch seine ungeheure Gravitation Materie ansaugt, dann wird diese dadurch stark beschleunigt und beginnt ebenfalls zu rotieren. Es bildet sich eine Akkretionsscheibe und das rotierende Material erreicht unglaubliche Geschwindigkeiten. Die Materie kollidiert beim Hineinfallen in das Schwarze Loch untereinander, wodurch Reibung und extreme Hitze entstehen. Dabei wird Energie in Form von elektromagnetischen Wellen abgestrahlt: Licht! Dies ist für uns sichtbar und anhand dessen lassen sich Schwarze Löcher optisch ausfindig machen. Theoretisch könnte man sie sogar mit bloßem

Auge identifizieren, wenn sie nicht so weit weg wären. Doch leider lässt sich diese Methode nicht all zu oft anwenden. Schwarze Löcher rotieren zwar in den meisten Fällen, dennoch ist eine sichtbare Akkretionsscheibe aus Material eher ein seltener Idealfall. Es handelt sich in solchen Fällen um aktive Schwarze Löcher, was vergleichsweise eher selten ist. Das auf dem Foto zu sehende M87 ist ein solches aktives Schwarzes Loch. Der helle Ring ist die rotierende Materie, die akkretiert wird. Das Schwarze in der Mitte ist hingegen das eigentliche Schwarze Loch. Dass der Ring vorne hell und dick erscheint und hinten dagegen viel schwächer ausgeprägt ist, lässt sich ebenfalls erklären. Der sogenannte Dopplereffekt sorgt einfach ausgedrückt dafür, dass das zu uns hinstrahlende Licht sich in sich selbst verschiebt und daher den Lichteffekt verstärkt. Das Licht auf der Rückseite des Schwarzen Loches strahlt vom Betrachter weg und wird stattdessen eher entzerrt. Man kennt den Dopplereffekt auch aus der Akustik. Wenn ein Motorrad auf einen zufährt, wird der Ton dabei immer höher. Bis zu dem Zeitpunkt, wo das Motorrad einen passiert und sich wegbewegt. Ab da wird der Ton plötzlich tiefer. Mit den Lichtwellen ist es nichts Anderes. Bloß dass es sich dabei um einen optischen Effekt handelt und keinen akustischen.

2. **Umkreisende Objekte.** Schwarze Löcher sind oftmals inaktiv und verschlingen keine Materie. Dennoch ist ihre gravitative Wirkung stärker als alles Andere. Daher kommt es oft vor, dass sich Objekte wie Planeten oder oftmals vor allem auch Sterne, um sie herum bewegen. Vor allem im gravitativen Zentrum, in nächster Nähe um das Schwarze Loch, findet man Sterne, deren Umlaufbahnen auffällig sind. Während sie sich auf das

Schwarze Loch zubewegen, werden sie sehr stark beschleunigt. Und wenn sie sich hingegen vom ihm wegbewegen, werden sie stark abgebremst. So kommt es, dass sie dreidimensionale ellipsenförmige Umlaufbahnen um das schwarze Loch ziehen. Dies geschieht in einer sogenannten "Rosettenform". Auch dies wurde von Albert Einsteins Allgemeiner Relativitätstheorie vorhergesagt. Gibt es also ein nicht sichtbares Objekt, um das sich Sterne drehen, ist dies ein Grund zur Annahme für ein Schwarzes Loch. Im Idealfall zeigt sich dabei ein Gebilde in Rosettenform.
3. **Gravitationslinseneffekt.** Um Schwarze Löcher herum sind die Gravitationskräfte so stark, dass Raum und Zeit ungeheuer gekrümmt werden. Dies lässt sich auch optisch um ein Schwarzes Loch herum ausmachen. Alle sichtbaren Objekte im Hintergrund des Schwarzen Loches, werden bis zu einem gewissen Horizont sonderbar verzerrt. Könnte man ein Schwarzes Loch mit bloßem Auge vor sich sehen, wären durch die extreme Raumzeitkrümmung alle sichtbaren Objekte im Hintergrund des Loches eigenartig verschwommen und ringförmig verzerrt. Dies nennt man "Gravitationslinseneffekt". Gravitationslinsen sind Objekte, die das Licht von der Quelle auf dem Weg zum Beobachter ablenken. Da Schwarze Löcher das Maximum an kompakter Masse sind und damit auch das Maximum an gravitativer Wirkung haben, erzeugen sie die stärkste Form von Gravitationslinseneffekten.

(Rosettenform in der kosmische Objekte oftmals um Schwarze Löcher kreisen.)

(Künstlerische Darstellung eines Schwarzen Loches mit extremer sichtbarer Verzerrung (Krümmung) der Raumzeit darum.)

Schwarzschildradius. Es gibt eine Formel, die für die Kompaktheit essentiell ist. Keine Sorge! Sie werden nicht mit Mathematik belästigt. Doch es ist zumindest wichtig zu verstehen, was diese Formel aussagt. Wie bereits gesagt, sind Schwarze Löcher im Wesentlichen extrem kompakte und massereiche Objekte. Theoretisch kann nach der berühmten Gleichung von "Karl Schwarzschild" jede Masse zu einem Schwarzen Loch werden, wenn sie auf eine bestimmte Größe verdichtet wird. Nehmen wir zum Beispiel unseren Planeten: Die gesamte Masse der Erde müsste auf einen Durchmesser von gerade mal 1,8cm komprimiert werden. Dann würde ihre Gravitation so stark werden, dass sie zu einem Schwarzen Loch wird. Ein anderes sehr berühmtes Beispiel ist unsere Sonne. Sie hat einen Durchmesser von 1,4 Millionen Kilometern. Dieser riesige Gasball müsste auf einen Durchmesser von 6 km zusammengequetscht werden, damit daraus ein Schwarzes Loch entstehen würde. Diesen rechnerischen Wert nennt man "Schwarzschildradius". Dabei wird allerdings, wie der Name bereits verrät, der Radius, also der halbe Durchmesser, verwendet. Bei den Beispielen mit Sonne und Erde wurde eben jedoch zur Veranschaulichung der Durchmesser genannt, da man sich diesen gedanklich besser vorstellen kann. Der Schwarzschildradius beschreibt den Radius eines massebehafteten Objektes, auf den es bei gleichbleibender Masse komprimiert werden müsste, damit seine Gravitationskräfte gegen unendlich gehen und das Objekt damit zum Schwarzen Loch wird. Man kann die Schwarzschildgleichung mit jedem x-beliebigen Gegenstand durchführen. Ob es nun ein massereicher Stern im Universum ist oder aber das Buch beziehungsweise das Endgerät (für die eBook-Leser), welches Sie gerade in ihren Händen halten. Die Masse ist beliebig. Sie muss lediglich auf einen bestimmten Raum komprimiert werden. Je weniger Masse das Objekt hat, desto kleiner wird auch der Raum, auf den es verdichtet werden muss.

Fluchtgeschwindigkeit. Wann eine Masse als Schwarzes Loch definiert wird, kann auch noch außerhalb seiner Kompaktheit festgemacht werden. Wenn man einem Gravitationsfeld entweichen möchte, benötigt man eine bestimmte Geschwindigkeit. Je stärker die Gravitation die Raumzeit krümmt, desto höher muss die Geschwindigkeit sein. Man spricht hierbei von "Fluchtgeschwindigkeit" oder auch "Entweichgeschwindigkeit". Die Entweichgeschwindigkeit die man benötigt, um dem Gravitationsfeld der Erde zu entkommen, beträgt 11,2 km/s. Oder vorzugsweise auch höher. Das sind wiederum 40.000 km/h (exakter Wert: 40.320 km/h). Hat man diesen Wert erreicht, schafft man es zumindest sich konstant gegen die Gravitation der Erde aufzulehnen. Man befindet sich dann gewissermaßen in einer Schwebe. Erhöht man die Geschwindigkeit noch weiter, schafft man es der Erdanziehung zu entfliehen. Wenn die Geschwindigkeit, mit der man aus einem Gravitationsfeld entweichen könnte, so groß wie die Lichtgeschwindigkeit oder größer sein muss, handelt es sich um ein Schwarzes Loch. Wie bereits bekannt ist, handelt es sich bei der Lichtgeschwindigkeit um eine Naturkonstante, welche die Geschwindigkeitsgrenze in der Physik markiert. Und da jegliche Masse keine Lichtgeschwindigkeit erreichen kann, selbst wenn man beispielsweise einen Antrieb dafür hätte oder ein Naturphänomen dafür sorgen könnte, ist es schlichtweg nicht möglich dem Gravitationsfeld eines Schwarzen Loches zu entkommen.

Ereignishorizont. Für jedes Schwarze Loch gibt es eine Distanz, ab der nichts mehr entkommen kann. Keine Materie und keine Informationen. Noch nicht mal das Licht. Diese Grenze nennt man den Ereignishorizont. Die stark erhitzte sichtbare Materie, die um ein Schwarzes Loch rotiert, zeigt optisch den Ereignishorizont an. Diese Materie wird nie mehr in der Lage sein dem Schwarzen Loch zu entkommen. Alles was sich in dieser rotierenden Scheibe befindet, wird früher oder später in das "Gravitationsmonster" hineinfallen. Ein noch halbwegs sicherer Abstand zum Schwarzen Loch ist etwa das Dreifache des Ereignishorizonts. Ab da können Objekte noch ungestört, allerdings stark beschleunigt, um das Schwarze Loch kreisen.

Quanteneffekte, die am Ereignishorizont auftreten, sorgen für die sogenannte "Hawking-Strahlung". Diese bewirkt, dass das Schwarze Loch Energie in Form von Hitzestrahlung abgibt. Dadurch verliert ein Schwarzes Loch tatsächlich Masse, wodurch es sogar sterblich wird. Schwarze Löcher müssen also weitere Masse aufnehmen, um nicht zu verenden. Die Hawking-Strahlung ist jedoch so verschwindend gering, dass das Aussterben eines Schwarzen Loches eher eine theoretische Angelegenheit bleiben wird.

(Korrekte künstlerische Darstellung eines Schwarzen Loches mit extrem beschleunigter, erhitzter Materie in einer Akkretionsscheibe.)

Singularität. Schwarze Löcher sind wie eine Art kosmischer Abgrund. Während andere Massen gewissermaßen für Unebenheiten oder auch Dellen in der Raumzeit sorgen, reißen Schwarze Löcher regelrechte Risse hinein. Denn wie bereits erwähnt, steigert sich die Gravitation in ihnen ins Unermessliche. Und dies konzentriert sich auf einen Punkt in der Mitte. Diesen Punkt nennt man Singularität. Alles was jemals den Ereignishorizont überschritten hat, wird auf einen unendlich kleinen Punkt zusammengequetscht. Hierbei wird absichtlich von einem Punkt gesprochen und nicht mehr von einem Raum. Denn mit der Unendlichkeit der Gravitation steigert sich auch die Krümmung von Zeit und Raum ins Unendliche. So kommt es, dass Raum und Zeit gewissermaßen mit in das Schwarze Loch hineinstürzen und ein Abfluss in der Raumzeit gebildet wird. Die Singularität ist ein unendlich kleiner Punkt, der keine Oberfläche und kein Volumen hat.

Sagittarius A*. Schwarze Löcher sind im Weltraum gar nicht so selten. Lange Zeit galten sie als exotische Objekte. Doch mittlerweile wissen wir, dass sie zu den Elementarbauteilen des Universums gehören und auch für die darin befindlichen Vorgänge und Strukturen essentiell sind. Im Zentrum unserer Milchstraße im Sternbild "Schütze" gibt es ebenfalls ein Schwarzes Loch. Dieses nennt sich "Sagittarius A*" und befindet sich rund 27.000 (exakter Wert: 26.670) Lichtjahre von uns entfernt. Es ist 4,3 Millionen Sonnenmassen schwer und besitzt damit bereits eine Besonderheit. Denn bei Sagittarius A* handelt es sich um ein supermassereiches Schwarzes Loch. Wenn man seine Masse mit unserer Erde, unserer Sonne oder gar dem schwersten bisher bekannten Stern vergleicht, ist das eine unvorstellbare Menge! Die Gravitation, die ein solches supermassereiches Schwarzes Loch ausübt, ist phänomenal stark. Und damit kommen wir zur nächsten Besonderheit: Unsere gesamte 200.000 Lichtjahre große Milchstraße dreht sich um dieses gravitative Zentrum. Da dieses Phänomen auch bei anderen Spiralgalaxien beobachtet werden kann, nimmt man in der Wissenschaft mittlerweile an, dass sich im Zentrum einer jeden Spiralgalaxie ein extrem massereiches Schwarzes Loch befindet. Dies erklärt entsprechend auch die Form und die Eigenbewegungen der Galaxien. Die weitreichende Gravitation aus der Mitte der Galaxie ist so stark, dass sie die Galaxie nicht nur zusammenhält, sondern auch formt. Auch dies zeigt, dass Schwarze Löcher trotz ihrer Bedrohlichkeit essentiell für den Aufbau und die Struktur des Universums sind. Von Sagittarius A* wurde genau wie bei M87 von Radioteleskopen bereits ein "Foto" gemacht. Damit ist die Existenz dieses lange vermuteten Schwarzen Loches in unserer Milchstraße endgültig bewiesen.

(Radioteleskope auf der Erde mit aufgehender Sonne im Hintergrund.)

HR 6819. Aber auch das Schwarze Loch, welches das Milchstraßenzentrum bildet, befindet sich weit weg von uns. Es gibt andere Kandidaten, die uns deutlich näher sind. Allein in unserer Milchstraße vermutet man bis jetzt weit über 1.000 Schwarze Löcher. Dafür sind diese jedoch auch bei Weitem nicht so massereich und es ist äußerst unwahrscheinlich, dass sie uns jemals irgendwie gefährlich werden können. Etwa 1.120 Lichtjahre von uns entfernt, befindet sich ein Dreifachsystem mit zwei Sternen. Dabei handelt es sich um "HR 6819", welches sich im Sternbild "Teleskop" befindet. Als man dieses Mehrfachsternsystem beobachtete, fiel den Astronomen zunächst auf, dass sich einer der zwei sichtbaren Sterne um ein weiteres drittes Objekt dreht. Dieses ist jedoch nicht sichtbar, womit ein weiterer Stern schon mal ausgeschlossen ist. Man kann jedoch aus den Bewegungsdaten des sichtbaren umkreisenden Sterns die Masse des Objekts ableiten, welches er umkreist. Da diese wiederum mindestens 4,2 Sonnenmassen groß ist, kann man somit auch einen erloschenen Neutronenstern ausschließen. Daher bleibt nur ein inaktives Schwarzes Loch übrig. Wir können es also optisch überhaupt nicht sehen, sondern nur aufgrund der Umlaufbahnen anderer Himmelskörper darum herum identifizieren. Das Schwarze Loch in HR 6819 ist allerdings äußerst klein und nur wenige Kilometer im Durchmesser groß. Dementsprechend ist auch der Bereich in dem es gefährlich werden könnte sehr klein. Die Menschheit braucht sich also keine Sorgen machen, verschluckt zu werden.

Ton 618. Supermassereiche Schwarze Löcher können nicht nur wie Sagittarius A* Millionen von Sonnenmassen erreichen, sondern sogar auch das Milliardenfache. Im Sternbild "Jagdhunde" gibt es ein weiteres supermassereiches Schwarzes Loch. Und dieses ist das größte und massivste, das wir bis jetzt kennen. Dieses Monstrum hat bereits so viel Material angehäuft, dass seine Größe unser Vorstellungsvermögen bei Weitem übersteigt. Es ist 66 Milliarden Sonnenmassen schwer und hat eine Größe von 1.300 Astronomischen Einheiten. Es ist also so groß wie 1.300 mal der Abstand von der Erde zur Sonne. Das entspricht insgesamt einer Länge von 194.477.231.000 Kilometern. Dieses Schwarze Loch namens "Ton 618" ist außerdem aktiv. Es besitzt eine riesige Akkretionsscheibe bestehend aus Gasen. Diese dreht sich bis zu 7.000 km/s schnell um den Gravitationsgiganten.

Das Universum und die Raumzeitdimension

Das Universum ist der Zusammenschluss von Raum, Zeit, Materie und Energie. Und so unendlich groß es auch ist, es ist dennoch geradezu irrwitzig leer. Obwohl es 10^{11} (100.000.000.000) Galaxien gibt und pro Galaxie wiederum 10^{11} Sterne existieren, beträgt die durchschnittliche Dichte des Universums gerade mal ein Teilchen pro Kubikmeter. Also nahezu gar nichts. Zum Vergleich: In nur einem kleinen Kubikzentimeter (nicht Meter) Luft auf der Erde sind 100 Trilliarden Teilchen vorhanden. Das ist wiederum irrwitzig viel. Bei dieser Zahl handelt es sich um eine Eins mit insgesamt 23 Nullen. Wenn trotz dieser Menge an Materie im Universum die mittlere Dichte gerade mal ein Teilchen pro Kubikmeter ist, dann muss das Universum nahezu unendlich leer sein. Dies kann man jede Nacht ganz einfach überprüfen. Ein simpler Blick in den Nachthimmel beweist, dass zwischen uns und den Sternen, die Tausende oder gar Millionen Lichtjahre entfernt sind, absolut gar nichts ist. Denn sonst könnten wir das Licht, welches sie aussenden, ja entsprechend nicht sehen. Der Raum ist also wahnsinnig leer.

Dunkle Materie. Materie ist für unseren normalen Verstand immer anfassbar und sichtbar. Doch wie so oft ist dies nur die halbe Wahrheit. Das was wir im Universum sehen und nachweisen können, ist gerade mal ein Bruchteil. Die uns bekannte Materie macht lediglich 5% der Gesamtmasse des Universums aus. Vergleicht man den gesamten Raum des Universums und die darin befindliche sichtbare Materie, ist das wie ein einziges Sandkorn im gesamten Volumen der Erde. Zusätzlich fehlt uns etwas um die Bewegungen und den Zusammenhalt in Galaxien und Galaxienhaufen zu erklären. Es benötigt schlichtweg ein Vielfaches mehr an Masse, als wir sehen können. Bei manchen Galaxien hat man berechnet, dass mehr als die vierhundertfache Masse benötigt wird, damit die Galaxie überhaupt zusammengehalten werden kann. Wie bereits erwähnt, fehlen uns also 95% der weiteren Masse im Universum. Dabei gibt es aber ein entscheidendes Problem, welches auch schon von den Schwarzen Löchern bekannt ist: Mit Dingen, die wir nicht sehen können, tun wir uns schwer. Doch wie bereits im Vorwort erwähnt, hilft uns Mathematik da weiter, wo wir nichts mehr sehen können. Anhand von Berechnungen und Beobachtungen wissen wir heute, dass circa weitere 25% der Gesamtmasse im Universum aus sogenannter dunkler Materie besteht. Dabei handelt es sich um eine Substanz, die wir nicht sehen können. Sie hat zwar Masse, ist jedoch unsichtbar. Dafür können wir jedoch ihre Auswirkungen sehen. Erneut ist die Rede von Gravitation. Denn die dunkle Materie ist so stark und offenbar so weitreichend vorhanden, dass sie sogar die Ausbreitung des Universums zumindest abbremst. Obwohl wir sie nicht sehen können, wird die Anwesenheit der dunklen Materie auf zwei Tatsachen zurückgeführt, die beide auf Gravitation basieren:

1. **Struktur des Universums.** Selbst unser aller Dasein ist durch die dunkle Materie bestimmt worden. Wenn es sie nicht gäbe, hätten die Galaxien nie so zusammengefunden, wie wir sie heute kennen. Und damit natürlich auch unsere Milchstraße und alles darin Enthaltene usw. Ohne die Gravitation der dunklen Materie hätte sich das Universum ganz anders entwickeln müssen. So wie wir es kennen, würde es dann gar nicht existieren. Die Gravitation der normalen Materie reicht einfach nicht aus. Und folglich würde es dann auch unser Sonnensystem und unser Dasein nicht geben.
2. **Gravitationslinseneffekt.** Dunkle Materie können wir unter anderem am Gravitationslinseneffekt ausmachen. Licht wird an einer Stelle im Raum plötzlich verzerrt wo sich augenscheinlich gar nichts befindet. Die Anwesenheit von unsichtbaren Massen verändert die Geometrie des Raums und lenkt so das Licht von seinen Ausbreitungsbahnen ab. Wir können tatsächlich im Universum deutliche Gravitationswirkungen beobachten, an Stellen wo sich scheinbar überhaupt nichts befindet, was diese ausüben könnte. Mittlerweile ist man sogar in der Lage aufgrund der beobachtbaren gravitativen Verzerrung die Masse der unsichtbaren Materie zu berechnen.

Die dunkle Materie ist nicht elektrisch geladen, nicht spürbar, nicht sichtbar und sie wechselwirkt ausschließlich über Gravitation. Daher ist die Gravitation das einzige uns bekannte Bindeglied zwischen der normalen und der dunklen Materie. Wenn sie so existiert, wie die aktuelle Wissenschaft sie sich vorstellt, dann kann sie sich sogar durch normale Materie hindruchbewegen. Das mag völlig verrückt klingen, doch die moderne Physik lässt so etwas durchaus zu. Derartige Teilchen sind bereits länger bekannt und auch nachgewiesen worden. Jedoch wiederum bis jetzt nicht im Zusammenhang mit dunkler Materie.

Es ist möglich, dass die dunkle Materie ein thermisches Relikt aus der frühen, sehr heißen Phase des Universums ist. Die Wahrheit ist jedoch: Wir wissen es nicht! Die dunkle Materie an sich als auch ihre Charakteristik ist eines der größten Mysterien der modernen Physik. Obwohl ein Nachweis über sie bisher nicht erbracht werden konnte, sieht die Wissenschaft sie aber definitiv als gegeben an.

Sichtbare Materie. Die größten uns bekannten Gebilde im Universum sind die sogenannten Galaxiensuperhaufen. Sie liegen in wabenartigen Strukturen vor. Daher zeigt sich, dass die sichtbare Materie im Weltraum sehr genau verteilt ist. Und dies sorgt wiederum für eine äußerst feinfühlige Abstimmung im Universum zwischen Gravitation und Expansion. Um den Aufbau der uns bekannten Materie zu erläutern findet sich nachfolgend eine Übersicht von klein nach groß.

1. Up-Quarks und Down-Quarks.
2. Elektronen, Neutronen und Protonen.
3. Atome.
4. Moleküle.

5. Partikel, Zellen, Staub.
6. Asteroiden, Monde, Kometen.
7. Planeten.
8. Sterne.
9. Sternensysteme.
10. Sternenhaufen.
11. Galaxien.
12. Galaxienhaufen.
13. Galaxiensuperhaufen.
14. Gleichmäßige wabenartige Strukturen.

Manche Wissenschaftler glauben, dass es noch kleinere Teilchen als die Quarks gibt. Diese sollen elementare Bausteine für Raum und Zeit sein.

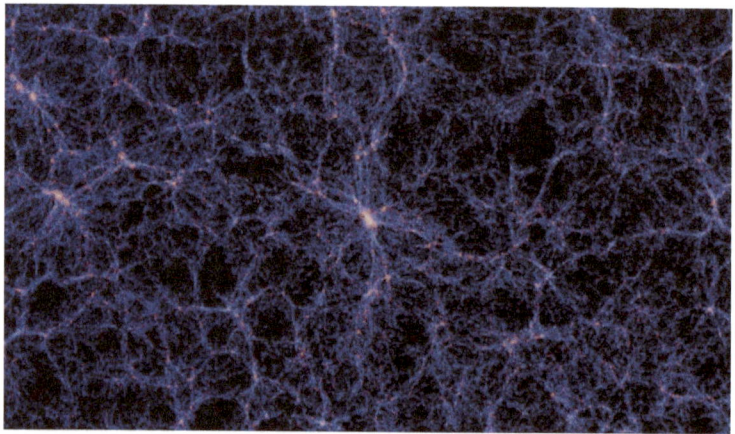

(Künstlerische Darstellung der gleichmäßigen wabenartigen Struktur des Universums.)

Dunkle Energie. Alles im Universum beruht auf einem allgegenwärtigen Gleichgewicht. Ying und Yang, schwarz und weiß, ja und nein, gut und böse, plus und minus, arm und reich, hoch und tief, rund und eckig, vorwärts und rückwärts, Elektronen und Protonen usw. Zu allem gibt es ein gleichwertiges Gegenstück, egal in welchem Themenbereich man schaut. So auch für die Gravitation, die im Universum alles zusammenhält. Grundlegend muss man dagegen aber sagen, dass das Universum expandiert. Seit dem Urknall breitet es sich unweigerlich aus und verliert dadurch an Dichte. Denn die Materie entfernt sich dadurch immer mehr voneinander. Dies erklärt sich die aktuelle Wissenschaft durch eine Art Gegenkraft zur Gravitation: Die dunkle Energie. Sie wirkt wie eine Art "Antigravitation". Dunkle Materie und sichtbare Materie halten das Universum durch Gravitation zusammen. Dunkle Energie ist hingegen die entgegengesetzte Kraft, die das Universum auseinandertreibt und für dessen Expansion (Ausdehnung) sorgt. Das Volumen des Raums wird dabei immer größer, doch die Masse der Materie bleibt gleich. Oder einfach ausgedrückt: Die Gravitation verkleinert die Abstände zwischen Massen, während die Expansion sie hingegen vergrößert. Und damit ist die dunkle Energie wie ein Antrieb für das Universum. Sie macht sage und schreibe 70% des Universums aus. Nach Einstein war sie eine Eigenschaft des Raums. Unter seiner Vorstellung ist Raum nicht einfach leer, sondern besitzt immer seine eigene Energie, die ihn zudem auseinandertreibt. Dunkle Energie bezeichnet man in der Wissenschaft deshalb als Energie, weil sie keine Materie ist und keine Masse hat. Denn wenn sie eine Masse besäße, würde sie Gravitation ausüben. Doch stattdessen bewirkt sie das genaue Gegenteil: Expansion. Es gab vor langer Zeit eine Phase im Universum, in der die Gravitation dominiert hat und die Expansion dadurch sehr stark in Zaum gehalten wurde. Doch seit circa 6 Milliarden Jahren nimmt der Dichteabfall des Universums zu. Das bedeutet, dass die Expansion beschleunigt. Denn je größer die Abstände zwischen den einzelnen Masseansammlungen werden, desto schwächer wird die Gravitation dazwischen.

Man kann sich die Expansion des Universums wie ein Vakuum vorstellen, dass sich außerhalb des Universums befindet. Es zieht den Raum des Universums gewissermaßen zu sich hin. Dies sorgt kurioserweise sogar für die Stabilisierung des Universums. Denn ein System indem die Dinge auseinander gehen, ist tatsächlich stabiler als eines wo es umgekehrt der Fall ist. Denn wenn stattdessen die Gravitation als einzige Kraft wirken würde, dann würde sich sämtliche Masse immer mehr und mehr anziehen und sammeln. Und die Folge ist, dass alles irgendwann auf einen Punkt gerichtet ist und in sich zusammenstürzt. Das Universum würde also instabil werden. So könnte kein Leben und auch nichts Anderes mehr existieren.

Dunkle Energie und dunkle Materie sind sehr mystisch klingende Begriffe. Und das hat einen Grund. Denn im Prinzip sagen sie eigentlich nur aus, dass wir überhaupt keine Ahnung haben. Diese Begriffe sind nichts als Platzhalter für Dinge, für die wir wissenschaftlich keine anderen Bezeichnungen haben, da wir ihre Charakteristik schlichtweg noch überhaupt nicht verstehen.

Schwarzes-Loch-Theorie. Wie bereits im vorherigen Kapitel erwähnt, ist das Innere von Schwarzen Löchern ein großes Rätsel für die moderne Physik. Wir wissen jedoch, dass Schwarze Löcher nicht einfach das Extremste an verdichteter Materie sind, sondern dass sie ein Loch in die Raumzeit reißen. Es wäre denkbar, dass sie mit einem solchen Loch auf eine andere Seite gewissermaßen in eine neue Raumzeit "explodieren" und sich dort ausbreiten. Da innerhalb von Schwarzen Löchern andere Gesetze gelten und auch kein Raum und keine Zeit mehr existieren, wäre es denkbar, dass sich dort eigene Universen entwickeln. Es wäre daher möglich, dass auf der anderen Seite von Schwarzen Löchern neue Universen geboren werden. So könnte auch unser Universum ein Schwarzes Loch sein. Und jetzt kommt der Clou! Zählt man alle sichtbare und nachweisbare Masse zusammen und errechnet dann den Schwarzschildradius für ein Schwarzes Loch mit dieser Masse, dann erhält man erstaunlich genau die Sichtweite, die wir bis zum Rand des erkennbaren Universums in jede Richtung haben.

Raumzeitdimension. Bevor es nun mit den nachfolgenden Kapiteln an die nicht ganz so einfach zu verstehenden Relativitätstheorien geht, ist es zunächst wichtig zu verstehen, was das Raumzeitgefüge ist und wie es beeinflusst wird. Raum und Zeit sind die Bühne auf der sich Materie befindet und Ereignisse stattfinden. Nach Albert Einstein gibt die Raumzeit dem Universum eine Struktur und besagt zudem wie es aufgebaut ist und zusammenhängt. Sie ist das Gewebe des Universums. Wie die unsichtbare Luft in einem Raum. Die Raumzeit umgibt alles was aus Materie ist und eine Masse besitzt. Es ist vor allem wichtig zu verstehen, dass sie beeinflusst werden kann. Sie kann sich dehnen, drehen und komprimiert werden. Und schlussendlich ruft sie auch das hervor, was wir als Schwerkraft erfahren. Natürlich nur dann, wenn die Anwesenheit von Massen dies bewirken. Hier auf der Erde beobachten wir Planeten wie sie sich um andere Objekte drehen. Und auf unserem eigenen Planeten sehen wir Äpfel vom Baum fallen und wissen, dass all dies die Gravitation bewirkt. Doch was dabei vor unseren Augen abläuft, ist in Wahrheit etwas ganz Anderes, als es zu sein scheint. Denn Objekte folgen lediglich der Verzerrung der Raumzeit, anstatt dass sie sich gegenseitig anziehen.

Zunächst ist es wichtig zu verstehen, was die sogenannte Raumzeit überhaupt ist. Vier Dimensionen sind uns derzeit bekannt. Der Raum bildet nach unserem aktuellen physikalischen Verständnis bereits drei der uns bekannten Dimensionen. Hinzu kommt noch die vierte Dimension: Die Zeit. Diese vier Dimensionen sind für uns und alles andere im Universum absolut omnipräsent. Sie sind immer und überall um uns herum vorhanden. Oder besser ausgedruckt: Egal zu welcher Zeit und an welcher Stelle im Universum, wir befinden uns immer in dem Konstrukt der Raumzeit. Jedes Ereignis, das irgendwo im Universum stattfindet, benötigt Raum und Zeit, um existieren zu können. Und ohne Materie die den Raum einnimmt, existiert auch der Raum nicht. Doch was ist eigentlich Raum? Und was ist die Zeit? Und wie können diese Dimensionen miteinander in Verbindung stehen?

Der Mensch erlebt Raum und Zeit als zwei verschiedene Dinge. Mittlerweile ist es jedoch ein wissenschaftlicher Fakt, dass diese beiden Größen aneinander gekoppelt sind. Geht man in ein Haus und betritt ein Zimmer, dann befindet man sich in einem Raum. Dieser befindet sich mit seinen Wänden um einen herum. So ist es auch im Universum. Wie wahrscheinlich jeder aus der Schule von der Volumenberechnung von geometrischen Körpern weiß, hat der Raum drei Größen:

1. Länge
2. Breite
3. Höhe

Dies sind bereits die ersten drei Dimensionen der Raumzeit. Der Raum ist also dreidimensional. Die Zeit hat hingegen nur eine Dimension. Gekoppelt sind das also nun insgesamt vier Dimensionen. Die Raumzeit an sich ist jedoch flach. Zweidimensional und ausschließlich bestehend aus Länge und Breite. Erst durch die Anwesenheit von Massen verändert sich dies. Dreibeziehungsweise vierdimensionaler Raum kann erst existieren, wenn Materie da ist, die ihn einnimmt. So lange dies nicht der Fall ist, ist die Raumzeit flach.

Ein simples Beispiel zeigt nachfolgend, wie Raum und Zeit miteinander zusammenhängen: Wenn man einen Termin hat und sich beispielsweise mit einem Geschäftspartner treffen will, dann benötigt man dafür allerlei Informationen um den Treffpunkt überhaupt ordnungsgemäß aufsuchen zu können. Stellen wir uns vor, man möchte sich in einer größeren Stadt an einem bestimmten Ort mit jemandem treffen. Dann benötigt man Folgendes:

1. Man muss die Straße wissen in die man einbiegt. Dies ist die Länge.
2. Man muss das Gebäude wissen, in das man von der Straße aus reingehen will. Hierbei handelt es sich um die Breite.
3. Jetzt benötigt man noch das Stockwerk in dem Gebäude, in dem das Treffen stattfinden soll. Nun hat man auch die Höhe.
4. Doch bringt einem das alles nichts, wenn man zwar weiß, wo das Treffen sein wird, aber nicht wann es stattfindet. Ohne das Datum und die Uhrzeit zu wissen, wird man seinen Gesprächspartner höchstwahrscheinlich niemals antreffen. Weiß man nun auch dies, so hat man letztendlich auch noch die Zeit.

Um also ein Ereignis an einem beliebigen Punkt im Universum beschreiben und überhaupt stattfinden lassen zu können, benötigt es die vierdimensionale Raumzeit.

Zeit. Raum und Zeit unterscheiden sich allerdings hinsichtlich eines wichtigen Aspekts voneinander. Beides können wir weder sehen noch fühlen. Doch eine Stelle im Raum können wir beliebig oft betreten. Wir können immer wieder an sie zurückkehren. Aber an denselben Punkt in der Zeit können wir nicht mehrfach zurückkehren. Die Zeit läuft immer nur in eine Richtung. Sie bewegt sich stetig vorwärts. Und in der zeitlichen Dimension haben wir zusätzlich auch noch verschiedene Zustände des Seins:

1. Vergangenheit
2. Gegenwart
3. Zukunft.

Aufgrund dieser Tatsachen kann man Zeit auch als das Fortschreiten von Ereignissen bezeichnen. Und selbst auch dann, wenn man das ganze Universum und seine Entwicklung als ein einziges Ereignis bezeichnet. Denn auch das Universum kann sich nicht in einen Zustand zurückbewegen, in dem es sich früher schon einmal befand. Mit dem Fortschreiten der Zeit und der Entwicklung des Universums wird zudem alles immer komplexer und ungeordneter. Dies nennt man Entropie. Sie wird auch gerne als Maß für die Unordnung bezeichnet. Die Tatsache, dass das Universum sich entwickelt und somit die Entropie zunimmt, definiert somit den Zeitlauf.

Die Spezielle Relativitätstheorie

(Albert Einstein, 1905)

Schon in seiner Zeit als Teenager fragte sich Albert Einstein, wie es wohl wäre und was um ihn herum passieren würde, wenn er einen Lichtstrahl einholen könnte und ihm folgen würde. Dies waren die ersten Ansätze, die zur Entwicklung der Speziellen Relativitätstheorie führten. Die Tatsache, dass Licht eine immer gleichbleibende Geschwindigkeit besitzt, war der Ausgangspunkt in einige bedeutende Einblicke in die Natur der Dinge. So konnte Albert Einstein 1905 die Spezielle Relativitätstheorie, wie sie das Wesen der Lichtgeschwindigkeit beschreibt, auf mathematischer Basis entwickeln. Es gibt jedoch zwei Relativitätstheorien. Die Spezielle Relativitätstheorie beschäftigt sich damit, wie sich Bewegungen von Massen auf die Raumzeit auswirken. Die Allgemeine Relativitätstheorie erweitert die Spezielle Relativitätstheorie um die

Gravitation von Massen und wie diese sich wiederum auf die Raumzeit auswirken.

Einsteins Relativitätstheorien haben bisher jeder Überprüfung, jeder Beobachtung und jedem Test standgehalten. In jedem Fall beschreiben Einsteins Theorien die Realität perfekt. Daher gibt es auch bis heute in der Wissenschaft nichts an ihnen anzuzweifeln. Es gibt jedoch Orte im Universum, an denen die Relativitätstheorien nicht mehr ausreichen, um die dortigen Vorgänge zu beschreiben, geschweige denn zu verstehen. Die Singularität in Schwarzen Löchern sind beispielsweise solche Orte.

Relativität. Alles ist relativ! Das bedeutet, dass jeder Mensch seine eigene Wahrheit sieht und wahrnimmt und diese baut er wiederum aus seinen eigenen Betrachtungsweisen, Erfahrungen und Fakten auf. Doch bei dieser Beschreibung befindet man sich eher im Bereich der Philosophie. Hier wurde der Begriff "Relativismus" geprägt. In der Wissenschaft jedoch spricht man von "Relation". Die grundlegende Denkweise ist dabei aber ziemlich ähnlich. Daher bezieht sich ihr Name im eigentlichen Sinne darauf, dass sich Dinge wie Zeit, Längen und Geschwindigkeiten je nach Beobachtungsstandort unterscheiden können. Sie sind also "relativ". Um dies definierter beschreiben zu können, hat man den Begriff des "Inertialsystems" oder auch "Bezugssystems" eingeführt. Ein Inertialsystem ist immer das Objekt oder der Raum in dem sich etwas befindet, das eine andere Geschwindigkeit oder auch eine andere Raumzeit erlebt. Zum Beispiel ein Mensch in einem Flugzeug: Befindet man sich in einem Flugzeug, das konstant mit 1.000 km/h fliegt und man wirft in diesem Flugzeug einen Golfball hoch, dann hat man keinerlei Probleme ihn wieder aufzufangen. Obwohl man selbst, der Ball und auch das Flugzeug sich mit 1.000 km/h fortbewegen. Man kann den Ball mit den Augen ohne

Schwierigkeiten verfolgen. Man bemerkt die Geschwindigkeit dabei überhaupt nicht. Das Flugzeug ist ein Inertialsystem. Steht man nun stattdessen auf dem Gipfel eines Berges und das Flugzeug fliegt an einem vorbei, ist es schier unmöglich den Ball noch mit den Augen sehen zu können. Angenommen die Fenster des Flugzeuges wären groß genug, so könnte man den Ball dennoch unmöglich sehen, wenn er mit 1.000 km/h an einem vorbeirast. Der Berggipfel ist ebenfalls ein Inertialsystem. Ein sich bewegendes Auto, ein Flugzeug oder aber auch ein Raumschiff im Universum sind alles in sich geschlossene Inertialsysteme. Befindet man sich stattdessen auf dem Posten des Beobachters, so befindet man sich ebenfalls wieder in einem anderen Inertialsystem.

Lichtgeschwindigkeit. Eine Voraussetzung für die spezielle Relativitätstheorie ist, dass unsere Naturgesetze im ganzen Universum gelten und anwendbar sind. Man nennt das Invarianz. Dieser Begriff steht für die Unveränderlichkeit. Die physikalischen Gesetze, die bei uns auf der Erde gelten und funktionieren, existieren und gelten auch überall anders im Universum. Wie bereits bekannt ist, ist die Lichtgeschwindigkeit eine fundamentale Naturkonstante. Sie ist immer gleich, zumindest im Vakuum gedacht. Auch dieses Gesetz ist im ganzen Universum gleich. Aber warum? Der menschlichen Denkweise gefällt diese Limitierung nicht. Warum soll es nicht auch schneller gehen? Größere Werte als 300.000 km/s sind schließlich ohne Weiteres denkbar. Wenn man jedoch anfängt annähernd die Lichtgeschwindigkeit zu erreichen, passieren um einen herum völlig neuartige Dinge, die grundlegend neu gedacht werden müssen. Denn die (vorzugsweise sehr schnelle) Bewegung von Massen bewirkt eine Krümmung der Raumzeit um die bewegten Massen herum. Dabei treten besondere Effekte auf. Die Zeit läuft langsamer und der Raum fängt an zu schrumpfen. Man spricht hierbei von Zeitdilatation und Längenkontraktion. Je schneller die Masse bewegt wird, desto stärker treten die Effekte auf. Die Lichtgeschwindigkeit führt das Ganze zu einem Extremum und setzt damit auch gleichzeitig eine Grenze. Bewegt man sich mit Lichtgeschwindigkeit, erreicht der Effekt der Zeitdilatation sein Maximum: Die Zeit bleibt komplett stehen. Und auch der Effekt der Längenkontraktion erreicht sein Maximum: Der Raum um einen herum schrumpft auf Null. Und wenn dies der Fall ist, kann man nicht weiter beschleunigen, da kein Raum mehr vorhanden ist, in dem dies möglich wäre. Dies ist der Grund, warum nichts schneller sein kann als die Lichtgeschwindigkeit. Man könnte auch sagen, dass beim Erreichen der Lichtgeschwindigkeit Zeit und Raum enden. Daher kann auch kein massebehaftetes Objekt diese Geschwindigkeit jemals erreichen.

Photonen sind die masselosen Teilchen aus denen Licht besteht. Sie bewegen sich also folglich mit Lichtgeschwindigkeit fort. Das heißt, dass für sie beide Effekte der speziellen Relativitätstheorie im absoluten Maximum gelten. Der gesamte Raum um sie herum und damit auch die Strecke, die sie zurücklegen, wird auf nichts zusammengequetscht. Das heißt, die Strecke die sie zurücklegen wird für sie gleich null. Und darüber hinaus bleibt für sie auch noch die Zeit stehen. Wenn Photonen mit Lichtgeschwindigkeit von der Sonne aus zu unserem Planeten geschickt werden, benötigen sie dafür aus unserer Perspektive zwar 8 Minuten, doch für sie selbst geschieht das Losbewegen von der Sonne und das Ankommen auf der Erde gleichzeitig. Daraus resultiert übrigens auch, dass wenn sich etwas mit Überlichtgeschwindigkeit bewegen könnte, die Zeit rückwärts laufen würde. Es würde am Ziel ankommen, bevor es sich am Start losbewegt hätte. Und dies ist logischerweise nicht möglich. Daher kommt es auch, dass Zeit immer nur vorwärts fließen kann und sich nur in diese eine Richtung bewegt. Und damit steigen wir nun genauer in die Zeitdilatation ein.

Zeitdilatation. Intuitiv glauben wir Menschen, dass die uns übergeordnete Zeit an jedem Punkt im Universum gleich ist. Während wir unsere Bewegungen im Raum frei wählen und nahezu jede Stelle bestimmen können, scheint der Zeitfluss allerdings vorgegeben zu sein. Dem ist jedoch ganz und gar nicht so. Dies ist schlichtweg eine falsche Wahrnehmung, da unser alltägliches Leben scheinbar so geprägt wird. Die Zeit steht gleichberechtigt neben den drei Raumdimensionen. Raum und Zeit sind zwar an sich einzelne Dimensionen, doch sie sind nicht voneinander getrennt, sondern hängen unweigerlich zusammen. Sie liegen gewissermaßen übereinander und betreffen jegliche Materie und jeden Ort im Universum. Die Spezielle Relativitätstheorie besagt, dass bewegte Massen mit hoher Geschwindigkeit die Raumzeit krümmen können. Je schneller man sich dabei im Raum bewegt, desto weniger bewegt man sich durch die Zeit. Denn diese wird durch die Krümmung der hohen Geschwindigkeit verlangsamt. Und umgekehrt ist es genau so. Je langsamer man sich durch den Raum bewegt, desto schneller bewegt man sich durch die Zeit, da sie weniger gekrümmt wird und in Richtung der normalen Geschwindigkeit verläuft. Alles in allem kann man also sagen, dass die Zeit abhängig in Relation zur Bewegung ist.

Als Beispiel zur Vorstellung dessen eignet sich ein Raumschiff im Weltraum sehr gut. Steht es still, bewegt es sich nur in der Zeit, denn es hat keine Geschwindigkeit und legt keine Strecke zurück. Die Raumzeit wird nicht gekrümmt und die Zeit verläuft daher recht schnell beziehungsweise so wie wir es als "normal" bezeichnen würden. Das heißt, dass das Raumschiff und seine Insassen nicht reisen, dafür aber altern. Fängt das Raumschiff an sich zu bewegen, dann altert es auch weniger, da die Raumzeit nun gekrümmt wird und es sich mehr im Raum und weniger in der Zeit bewegt. Die Lichtgeschwindigkeit ist dabei das Maximum. Je näher man ihr mit der Reisegeschwindigkeit kommt, desto stärker wird die Raumzeitkrümmung und desto stärker werden auch die dabei auftretenden Effekte. Und umso langsamer läuft die Zeit ab. Je schneller man sich bewegt, desto langsamer altert man also. Und man benötigt dafür bei Weitem nicht die Lichtgeschwindigkeit. Der Effekt gilt grundsätzlich bei jeder Geschwindigkeit. Das heißt, wenn man zum Beispiel mit dem bereits im Kapitel "Lichtgeschwindigkeit" erwähnten Bugatti Chiron dauerhaft über Jahre hinweg mit der Höchstgeschwindigkeit fährt, altert man etwas weniger als die anderen Menschen auf der Erde. Auch beispielsweise für Vielflieger gilt dieser Effekt. Jedoch ist er bei solch niedrigen Geschwindigkeiten, zumindest im Vergleich zur Lichtgeschwindigkeit, wirklich verschwindend gering. Oder besser ausgedrückt: Der Unterschied ist marginal und wir würden ihn in der Realität niemals bemerken können. Erstmals deutlich merkbar wird der Effekt der Zeitdilatation etwa ab 0,1% der Lichtgeschwindigkeit. Dies sind zwar nur noch 300 Kilometer pro Sekunde, jedoch umgerechnet immer noch über 1.000.000 km/h.

Im Volksmund sagt man auch den von Albert Einstein geprägten Satz "Bewegte Uhren gehen langsamer".

Zeitdilatation ist keine Theorie, sondern bereits vor Jahrzehnten vielfach bewiesen worden. Zeit können wir Menschen mit dem Einsatz von ganz bestimmten Geräten besonders genau messen. Die Rede ist allerdings nicht von Wand- oder gar simplen Armbanduhren. Die präzisesten Zeitmesser, die wir auf der Erde haben, sind die sogenannten Atomuhren. Bei ihnen dient die Frequenz elektromagnetischer Wellen, die Atome absorbieren und wieder abstrahlen können, wenn man sie einem solchen Feld aussetzt, als Taktgeber. Dadurch sind Atomuhren in der Lage die Zeit unglaublich genau zu messen. Atomuhren arbeiten am häufigsten mit den chemischen Elementen "Cäsium" (Cs) und "Rubidium" (Rb). Sie haben die Spezielle Relativitätstheorie bereits zahlreich bestätigt. Unter anderem hat man zum Beispiel an Bord eines Flugzeugs Atomuhren installiert und das Flugzeug über viele Stunden sehr schnell fliegen lassen. Anschließend hat man die Zeitwerte mit anderen Atomuhren, die währenddessen auf der Erde geblieben sind, verglichen. Die Ergebnisse waren bei jedem solcher Tests eindeutig.

(Cäsium-Atomuhr "CS2" mit Standort in Deutschland, welche die Vorgabe für die gesetzliche Zeit erzeugt.)

Ein weiteres anschauliches Beispiel ist eine sehr hohe Bergspitze. Steht man beispielsweise auf dem Gipfel des Mount Everest, befindet man sich in 8849 Metern Höhe über dem Meeresspiegel. Aufgrund der Erdrotation bewegt man sich so weit außen am Planeten schneller als beispielsweise unten auf der Erde auf Höhe des Meeresspiegels. An einem so weit äußerem Punkt ist die Geschwindigkeit höher, denn sonst würde der Berg vom Planeten abreißen. Auch oben auf der Spitze von sehr hohen Bergen wird durch die höhere Geschwindigkeit die Zeit stärker gedehnt und vergeht somit langsamer. Auch dies wurde gemessen und experimentell bestätigt.

Längenkontraktion. Neben der Zeitdilatation gibt es aber noch einen weiteren markanten Effekt in der Speziellen Relativitätstheorie. Denn bei hohen Geschwindigkeiten, vorzugsweise bei solchen, die der Lichtgeschwindigkeit nahe sind, wird nicht nur die Zeit gekrümmt. Auch die Materie um einen herum wird gewissermaßen zusammengedrückt. Allgemeiner ausgedrückt kann man sagen, dass sich die Längen verkürzen. Dieser Effekt nennt sich Längenkontraktion. Und je schneller man sich bewegt, desto stärker tritt dieser Effekt auf. Genau wie die Zeitdilatation beim Erreichen der Lichtgeschwindigkeit die Zeit still stehen lässt, hat auch die Längenkontraktion ein Maximum. Das bedeutet, dass der gesamte Raum und die gesamte Materie um einen herum auf Null schrumpfen, wenn man die Lichtgeschwindigkeit erreicht. Am besten vorstellbar ist dieser Effekt mit einem handelsüblichen Schullineal. Bleibt man zusätzlich bei einem Raumschiff im Weltraum, dass sich mit hoher Reisegeschwindigkeit bewegt, kann man sich nun vorstellen, dass man an dem Lineal vorbeifliegt. Geschieht dies sogar mit Lichtgeschwindigkeit, wird es durch den Effekt der Längenkontraktion so zusammengedrückt, dass es sogar komplett verschwindet. Das klingt jetzt möglicherweise noch sonderbarer als ein

Zeitstillstand. Einfacher vorzustellen ist es möglicherweise so: Fliegt man beispielsweise nur mit halber Lichtgeschwindigkeit an dem Lineal vorbei, so wird es auch nur zu einem gewissen Teil zusammengedrückt und verkürzt. Zum Beispiel nur auf die Hälfte. Wenn sich jemand im Universum neben diesem Lineal befindet, misst er dieses ganz gewohnt mit den erwarteten 30cm. Wenn man jetzt aber mit halber Lichtgeschwindigkeit an diesem Lineal vorbeifliegt, dann kann man es mit nur noch 15cm (fiktiver Wert) messen. Und das Kurioseste ist, dass es sich dabei nicht nur um einen visuellen Effekt handelt. Objekte wirken nicht nur kürzer. Sie werden tatsächlich auch kürzer gemessen. Da aber nicht nur sich in der Nähe befindliche Materie geschrumpft wird, sondern in Wahrheit vielmehr der gesamte Raum um einen herum, bedeutet das etwas Besonderes: Wenn man sich mit Lichtgeschwindigkeit oder zumindest mit Teilen dieser bewegt, dann legt man auch eine kürzere Strecke zurück und muss tatsächlich auch nicht mehr die gesamte ursprüngliche Entfernung überwinden. Denn da sich der Raum um einen krümmt und damit schrumpft, verkürzt sich dadurch auch die Strecke.

Zwillingsparadoxon. Das beliebteste Beispiel für die spezielle Relativitätstheorie ist das sogenannte Zwillingsparadoxon. Es behandelt zwei identische Zwillinge, die Menschen sind und auf der Erde leben. Zwilling A steigt in ein Raumschiff und fliegt mit halber Lichtgeschwindigkeit von der Erde weg. Sein Ziel ist 5 Lichtjahre entfernt. Da er mit halber Lichtgeschwindigkeit reist, benötigt er entsprechend 10 Jahre, um sein Ziel zu erreichen. Das Raumschiff ist sein persönliches Inertialsystem. Alles was er darin erlebt und an Effekten durch die Raumzeitkrümmung erfährt, ist relativ zu seinem Zwilling auf der Erde. Denn dieser nimmt die Position des Beobachters ein und bleibt auf seinem Heimatplaneten. Die Erde ist demnach sein Inertialsystem. Dadurch dass das Raumschiff von Zwilling A mit halber Lichtgeschwindigkeit unterwegs ist, werden Raum und Zeit in seinem Inertialsystem bereits stark gekrümmt. Das bedeutet, dass nun in diesem System die Zeit viel langsamer vergeht und die zurückzulegende Strecke obendrein viel kürzer wird. Er selbst spürt davon aber nichts. Für ihn bleibt zumindest das Zeitempfinden gleich. Auch Zwilling B, der sich immer noch auf der Erde befindet, bekommt davon zunächst nichts mit. Nachdem Zwilling A sein Ziel erreicht hat, begibt er sich auf den Rückweg zur Erde. Er muss also noch einmal 5 Lichtjahre mit halber Lichtgeschwindigkeit zurücklegen. Insgesamt wären dies nun 20 Jahre an Reisezeit. Doch durch die Effekte der Zeitdilatation und der Längenkontraktion spart er nicht nur eine Menge Zeit, sondern auch viel Strecke ein. Erst wenn Zwilling A zur Erde zurückkehrt und auf seinen Verwandten trifft, wird er feststellen, dass er deutlich weniger gebraucht hat als 20 Jahre. Außerdem ist er auch sichtbar weniger gealtert als sein Zwilling. Und auch bei einem Uhrenvergleich werden die beiden feststellen, dass eine starke Differenz auftreten wird. Für Zwilling A schlugen die Uhren also während er sich so schnell durch das All bewegt hat, deutlich langsamer. Und auch die Strecke, die er ursprünglich zurücklegen musste, hat sich deutlich reduziert.

Massezunahme. Vor allem die Effekte der Zeitdilatation und der Längenkontraktion klingen verständlicherweise für jemanden, der sich noch nie damit beschäftigt hat, äußerst verrückt. Auch wenn dies an unglaubwürdige Sciencefiction erinnert, sind die Effekte tatsächlich absolute Realität. Und die Menschheit hat kaum eine Theorie hervorgebracht, die so oft und so hart geprüft und dennoch immer wieder bestätigt worden ist, wie die Relativitätstheorien von Albert Einstein. Zeitdilatation und Längenkontraktion sind jedoch noch nicht die ganze Wahrheit. Es gibt noch einen dritten wichtigen Effekt: Jede Materie hat eine Masse. Und wenn diese beschleunigt werden soll, um auf eine Geschwindigkeit gebracht zu werden, dann muss dafür Energie aufgewendet werden. Ein Teil der Energie wird dabei zu weiterer Masse. Je mehr Energie dabei aufgebracht wird, desto mehr Masse entsteht für diesen Zeitraum auch. Daher steigt bei hohen Geschwindigkeiten die Masse von Materie deutlich an. Auch hierbei setzt die Lichtgeschwindigkeit wieder das Limit. Wenn sich Materie mit Lichtgeschwindigkeit bewegen würde, dann würde ihre Masse dabei unendlich groß werden. Dann müsste aber auch die dafür benötigte Energie unendlich viel sein. Und dies ist nicht möglich, da die im gesamten Universum befindliche Energie begrenzt ist. Diese Erkenntnis zeigt, dass daher nichts massebehaftetes und damit auch keine Materie, kein Raumschiff und kein Mensch sich jemals mit Lichtgeschwindigkeit fortbewegen werden können.

$E = m \cdot c^2$. Die Erkenntnis, dass man unendlich viel Energie benötigt, um Massen auf Lichtgeschwindigkeit zu beschleunigen und dass sich daher Materie niemals mit Lichtgeschwindigkeit bewegen kann, zog Einstein aus einer ganz bestimmten Rechnung. Dabei handelt es sich um eine Besonderheit, die aus der Speziellen Relativitätstheorie hervorgegangen ist. Sie ist die wohl berühmteste Formel der Welt. Sie ist berühmter als der Satz des Pythagoras, berühmter als die Gasgleichungen und berühmter als die Binomischen Formeln. Selbst auf T-Shirts findet man diese Einsteinische Gleichung schon seit Jahrzehnten. Nahezu jeder Mensch auf der Erde kennt diese Formel. Aber fast niemand weiß was dahinter steckt und wofür sie eigentlich steht. Es wurde am Anfang des Buches versprochen, dass niemand mit lästigen Formeln oder gar riesigen Gleichungen belästigt wird. Daher wird diese wohl berühmteste aller Formeln hier nun auch nicht abgeleitet, sondern stattdessen mit Worten beschrieben.

$E = m \cdot c^2$ bedeutet "**E**nergie ist gleich **M**asse multipliziert mit der Lichtgeschwindigkeit (**c**) zum Quadrat". Diese Formel sagt aus, dass in einem klitzekleinen bisschen Masse schon eine gigantisch große Menge an Energie steckt. Und diese Energie lässt sich errechnen, indem man die Lichtgeschwindigkeit zum Quadrat nimmt, also mit sich selbst multipliziert und dann wiederum mit der Masse eines Körpers multipliziert. Ohne Energie kann keine Masse und keine Materie existieren. Außerdem stehen Energie und Masse proportional zueinander. Sie sind also voneinander abhängig. Hierbei handelt es sich nicht um irgendeine Form von Energie. Das Stichwort ist "Bindungsenergie". Denn diese ist es, die man mit der Einsteinischen Formel berechnet.

Bindungsenergie. Heutzutage weiß man, dass Materie, wie wir sie kennen, sehen und fühlen können, aus Molekülen besteht. Die Moleküle bestehen bekanntermaßen aus Atomen, die sich aus einem Nukleus (Kern) mit Protonen und Neutronen und den äußeren Schalen mit Elektronen zusammen. Um all diese Teilchen und die Moleküle zu Materie zusammenzusetzen, wie wir sie kennen, benötigt es Energie. Und diese wird bei der Bindung oder auch bei der Spaltung freigesetzt. Diese Energie wird auch bei den Kernfusionsprozessen in einem Stern freigesetzt. Sie ist es, die mit der Freisetzung nach außen strahlt und gegen die Gravitation des Sterns wirkt. Und auch wir Menschen und jegliche andere Materie besteht zu einem Teil aus Bindungsenergie. Dies ist auch messbar. Denn wenn man Materie in all ihre Einzelteile zerlegt und die einzelnen Gewichte zusammenrechnet, dann ist die Summe der Einzelteile immer deutlich niedriger als das ursprüngliche Gewicht der zuvor noch zusammengesetzten Materie.

Als Beispiel zur Vorstellung dient ein ganz plumpes und alltägliches Objekt: Ein Kasten Bier. Man nimmt ein Gestell mit 24 Flaschen 0,33er Pils und stellt dieses auf eine Waage. Heraus kommen 10 Kilogramm. Nun nimmt man alle Bierflaschen aus dem Gestell heraus, stellt das Gestell beiseite und stellt die Flaschen alle gemeinsam auf die Waage. Bei dieser Messung kommen plötzlich nur noch 8 Kilogramm heraus. Verständlich, denn das Gestell ist schließlich weg. Das sorgt entsprechend für eine deutliche Differenz zwischen den Messungen. Und genau das ist der Punkt. Das Gestell steht in diesem Beispiel stellvertretend für die Bindungsenergie. Die Flaschen stehen wiederum für die Einzelteile der Materie. Vorher hält das Gestell die 24 Flaschen alle zusammen und man hat ein festes Gebilde, dass man bewegen kann. Trennt man aber alles voneinander, wird die Bindungsenergie frei, da sie nichts mehr zusammenhalten muss. Das Resultat ist, dass die einzelnen Massen zusammengerechnet plötzlich weniger wiegen als vorher.

Ein weiteres interessantes Beispiel ist eine Batterie. Oder korrekter ausgedrückt: Ein Akkumulator. Ist der Akku leer, hat er ein bestimmtes Gewicht. Hängt man ihn an eine Stromquelle und lädt ihn wieder auf, erhöht sich das Gewicht überraschenderweise. Bei diesem Vorgang fließen in dem Akku Elektronen, welche eine Energiezufuhr ermöglichen. Eine volle Batterie wiegt also tatsächlich mehr als eine leere, aufgrund der höheren Energiemenge die sie enthält.

Kernspaltung. Da bei Kernfusion und -spaltung Energie freigesetzt wird, bildet die Spezielle Relativitätstheorie mit der Formel $E = m \cdot c^2$ auch die Grundlage für die moderne Kernspaltung in der Physik. Damit hat diese Formel im wahrsten Sinne die Welt verändert. Sie hat uns nicht nur gewissermaßen einen tieferen Blick in die Natur der Dinge erlaubt, sondern sie hat den Menschen auch in die Lage versetzt, die Atombombe zu bauen. Als Albert Einstein mitbekam zu welchen Zwecken seine Formel missbraucht wurde, hätte er sie am liebsten der Menschheit wieder weggenommen, sie in einem Tresor eingesperrt und diesen tief auf dem Meeresgrund versenkt. Seitdem sprach er sich den Rest seines Lebens gegen den Bau von Atombomben und eine derartige Verwendung seiner Formel aus.

(Vernichtende Explosion einer Atombombe mit dem charakteristischen Atompilz.)

Die Spezielle Relativitätstheorie zeigt ganz wunderbar, dass das ganz Große (Universum / Kosmos / Weltraum) mit dem ganz Kleinen (Atome und Bindungsenergie) unmittelbar zusammenhängt. Doch etwas fehlt in ihr. Um das gesamte Universum zu beschreiben, benötigt es mehr als die Spezielle Relativitätstheorie: Das Wirken der Gravitation. Schließlich bremst sie sogar die Expansion des Raums. Dies beweist, dass die Gravitation bis zum Rande des Universums reicht. Da Gravitation demnach überall ist, wenn auch in unterschiedlicher Stärke, kann nirgendwo ein perfektes Inertialsystem existieren. Damit war die Spezielle Relativitätstheorie eingeschränkt und musste erweitert werden.

Die Allgemeine Relativitätstheorie

(Albert Einstein, 1915)

Die Relativitätstheorie beschäftigt sich nun nicht mehr mit dem Wesen der Lichtgeschwindigkeit. Mit dem Einbeziehen der Gravitation von Massen entwickelte Albert Einstein die Allgemeine Relativitätstheorie. Und auch hier hatte er wieder eine besondere gedankliche Eingebung, die ihm weiterhalf. Er fragte sich wie es sich wohl anfühlt, wenn man sich im freien Fall befindet. Eines Tages ereignete Sich in seiner Nachbarschaft ein Vorfall, der in die Öffentlichkeit geriet: Ein Mann stürzte aus einem Haus und überlebte glücklicherweise. Einstein fragte diesen Mann später, was er während seines Falles zur Erde gespürt hatte und wie es sich anfühlte. Der Mann antwortete, dass er eigentlich nichts gespürt hat. Weder sein eigenes Gewicht, noch eine Anziehungskraft. Daraus schloss Einstein, dass freier Fall und Schwerelosigkeit sich gleich anfühlen. Damit setzte Einstein erneut fundamentale Änderungen in der modernen Physik. Dinge wie Schwerkraft, Materie, Energie, Raum und Zeit mussten völlig neu gedacht werden. Und letztendlich war man mit der Allgemeinen Relativitätstheorie sogar in der Lage das gesamte Universum mathematisch beschreiben zu können. So kam es, dass Einstein bereits im Jahre 1915 die Existenz von Schwarzen Löchern voraussagte. Die Allgemeine Relativitätstheorie erklärt aber vor allem, wie die Anwesenheit von Massen sich auf den Raum und die Zeit auswirkt. Der Name Relativitätstheorie bezieht sich aber auch hier nach wie vor wieder auf die Betrachtungsstandorte in verschiedenen Inertialsystemen. Anders als bei der Speziellen Relativitätstheorie geht es hierbei nun jedoch nicht mehr um Geschwindigkeiten und Bewegungen, welche die Raumzeit beeinflussen, sondern um die Gravitation, die Massen in ihrem Inertialsystem ausüben. Die Spezielle Relativitätstheorie beschäftigt sich also mit dem Wesen der Lichtgeschwindigkeit und die Allgemeine Relativitätstheorie beschäftigt sich mit dem Wesen der Gravitation. Allerdings ist dies nur gelinde ausgedrückt. Wie bereits das letzte Kapitel, unter anderem mit Einsteins berühmtester Gleichung, gezeigt hat, hat allein die Spezielle Relativitätstheorie weitaus mehr beschrieben und hervorgebracht als nur das Wesen der Lichtgeschwindigkeit. Und so war es auch bei der Allgemeinen Relativitätstheorie. Ihr grundlegendes Thema ist zwar die Gravitation von Massen, aber im Prinzip beschreibt sie das gesamte Universum. Mit der Veröffentlichung und der späteren Anerkennung der Allgemeinen Relativitätstheorie mussten fundamentale Dinge neu definiert werden.

Gravitation. Der Planet Erde, auf dem wir uns befinden, hält uns mit seiner Schwerkraft in seinem Gravitationsfeld fest. Denn Massen ziehen sich gegenseitig an. Das heißt, wir werden dauerhaft in Richtung Erdkern gezogen und dies hält uns an der

Oberfläche des Planeten. So simpel hätte man es nach Isaac Newton formulieren können. Und lange Zeit tat die Menschheit dies auch nicht anders. Doch als Einsteins Allgemeine Relativitätstheorie kam, änderten sich die Dinge grundlegend. Gravitation bedeutete nicht mehr, dass sich zwei schwere Himmelskörper gegenseitig anzogen. Unter Gravitation verstehen wir heutzutage vielmehr die geometrische Verformung von Raum und Zeit. Nach Newton zogen sich Massen durch eine Anziehungskraft gegenseitig an. Doch seit Einstein wissen wir, dass keine Anziehungskraft herrscht, sondern das Ganze vielmehr als ein Fall in eine Art Trichter aus gekrümmter Raumzeit ist. Was das bedeutet wurde zwar im Kapitel "Gravitation" bereits angesprochen, doch ist es für die Allgemeine Relativitätstheorie wichtig dies vollends zu verstehen. Daher wird an dieser Stelle noch einmal mit einem ganz simplen Beispiel darauf eingegangen. Man kann es sogar selbst mit einem Experiment in der Realität ausprobieren. Man benötigt dazu lediglich eine zweite Person, ein Handtuch, einen Ball und eine Murmel. Wie bei dem Beispiel mit den Gravitationswellen stellen sich auch hierbei beide Personen frontal gegenüber. Beide halten jeweils zwei Ecken des Handtuchs. Das Tuch wird straff gehalten und ist somit flach. Es symbolisiert die unberührte Raumzeit ohne die Anwesenheit von Massen. Nun legt man einen Ball in die Mitte des Tuches. Daraufhin wird er bis zu einer gewissen Tiefe einsinken. Das Tuch wird zwar weiterhin straff gehalten, doch trotzdem wird es sich dem Ball anpassen. Dies symbolisiert die Krümmung der Raumzeit. Nun legt man weit außen nahe am Rand des Tuches noch eine Murmel darauf. Auch sie wird etwas einsinken. Doch das ist noch nicht alles. Die Murmel wird außerdem auf den Ball zurollen. Und genau das ist Gravitation. Es herrscht keine Anziehungskraft, die der Ball auf die Murmel ausüben könnte. Stattdessen folgt die Murmel einer neuen Bewegungsrichtung, die das verformte Tuch ihr vorgibt.

(Grafische Darstellung der Gravitation, wie sie sich auf die Raumzeit auswirkt: Das Netz (Tuch) hier stellvertretend für die Raumzeit und die Kugel stellvertretend für ein kosmisches Objekt mit hoher Masse und gravitativer Wirkung (Krümmung) auf die Raumzeit.)

Gravitationsfelder. Selbstverständlich gibt es noch etwas, das der Gravitation entgegenwirkt. Sonst würden alle Monde auf ihre Planeten beziehungsweise alle Planeten in einem Sternensystem sofort auf ihren zentralen Stern stürzen. Die Geschwindigkeit mit der sich ein Himmelskörper fortbewegt, bewirkt eine Fliehkraft. So entsteht ein Ausgleich zwischen dem Sturz in ein Gravitationsfeld und dem Geradeausbewegen. Dadurch können stabile Umlaufbahnen entstehen, wenn ein kosmisches Objekt in das Gravitationsfeld einer Masse gerät. Mit unserem Heimatplaneten und seiner kreisähnlichen Bahn um die Sonne ist es das gleiche Spiel. Auf der Erde bekommen wir davon jedoch nichts mit. Von der Gravitation der Sonne merken wir scheinbar überhaupt nichts und von der Gravitation der Erde merken wir zwar Deutliches, doch haben wir uns daran gewöhnt. Denn obwohl wir gewissermaßen dauerhaft Richtung Erdkern stürzen ist es für uns das Normalste auf der Welt von unserem Heimatplaneten "angezogen" zu werden und über seinen Boden zu wandeln.

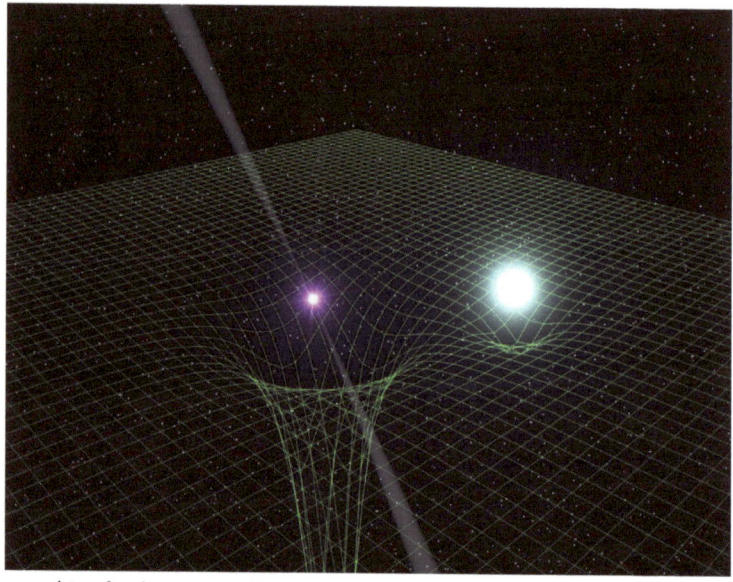

(Grafische Darstellung der Raumzeit. Auch hier als Netz dargestellt, welches durch die Anwesenheit von verschieden großer Massen verschieden stark gekrümmt wird. Rechts ein größeres Objekt, mit einer aber eher leichten Masse. Links dagegen ein sehr kleines Objekt mit sehr großen Masse, zum Beispiel ein Neutronenstern, welcher viel kompakter ist und entsprechend viel stärker die Raumzeit durch seine Gravitation krümmt.)

Nur wenige Lichtsekunden von der Erde entfernt ist deren Gravitation bereits kaum noch spürbar. Sie ist zwar noch in marginalem Maße vorhanden, da Gravitationsfelder unbegrenzt sind, doch würde sich dies nicht mehr spürbar auf uns auswirken. Denn mit wachsender Entfernung lässt die Gravitation schnell nach. Bei der Sonne sieht das zumindest im Vergleich zur Erde schon anders aus. Wenn man bedenkt, dass sie 99,86% der Masse der gesamten Materie im Sonnensystem hat, dann kann man sich vorstellen, dass ihr Gravitationsfeld bedeutend größer ist. So schafft sie es selbst noch weit draußen am Kuipergürtel, einige Lichtstunden entfernt, Zwergplaneten und andere Objekte auf einer Umlaufbahn zu halten. Das Gravitationsfeld der Sonne reicht also sehr weit und umfasst unser gesamtes Sonnensystem. An diesem Punkt gelangt man zu einer weiteren Naturkonstante, welche die Stärke der Gravitationskraft und damit auch die Krümmung der Raumzeit bestimmt: Die Gravitationskonstante.

Raumzeitkrümmung. Nicht nur die Bewegung von Massen, sondern auch die Gravitation krümmt die vierdimensionale Raumzeit. Wie bereits bekannt ist, übt die Masse der Erde keine Schwer- oder Anziehungskraft auf uns aus. Stattdessen krümmt ihre Gravitation den Raum um uns herum und formt ihn geometrisch so, dass wir praktisch dauerhaft Richtung Erdkern fallen. Doch die Gravitation beeinflusst nicht nur den Raum, sondern auch die Zeit. Wenn man sich fernab von jeglichen Massen befindet und einer verschwindend kleinen Gravitation ausgesetzt ist, vergeht die Zeit viel schneller. Je näher man sich dagegen an großen Massen befindet, desto stärker werden Raum und Zeit um einen herum gekrümmt. So bewirkt auch die Gravitation eine Zeitdilatation. Daher vergeht die Zeit im Gravitationsfeld von Massen langsamer. Auch das Gravitationsfeld dem wir ständig ausgesetzt sind, krümmt den Raum und die Zeit, die uns umgeben. So vergeht die Zeit für uns bedeutend langsamer als an einem Ort im Universum, an dem kaum Gravitation herrscht. Ein freudiger Anlass zu mehr Lebenszeit ist dies jedoch leider nicht. Da die Raumzeitkrümmung relativ ist, bekommen wir sie nicht mit. Wir nehmen den Zeitfluss immer gleich wahr, egal in welchem Inertialsystem wir uns befinden. Wir merken also nicht, dass wir langsamer altern. Lediglich bei einem Vergleich zu Menschen auf einem anderen kosmischen Objekt mit einer anderen Gravitation würde der Unterschied auffallen. Befänden wir uns beispielsweise auf einem anderen, kleineren und auch masseärmeren Planeten, dann wäre seine gravitative Wirkung schwächer. Auf ihm würde die Zeit dann zwar noch verlangsamt werden, allerdings nicht mehr im gleichen Ausmaß wie auf der Erde. In der Nähe eines Schwarzen Loches, wo die Gravitation unglaublich stark ist, könnte eine Sekunde wie viele Jahre auf der Erde sein. Während man einem solch extremen Gravitationsfeld ausgesetzt ist, würde man praktisch so gut wie gar nicht altern. Es könnten währenddessen Tausende Jahre auf der Erde vergehen. So könnten Schwarze Löcher sogar für Zeitreisen dienen. Allerdings nur in Richtung Zukunft. Denn selbst in ihnen, wo die Gravitation unendlich groß wird, bleibt die Zeit zwar stehen, doch rückwärts bewegt sie sich nicht.

Einstein änderte nun den Satz "Bewegte Uhren gehen langsamer." in "Uhren in einem Gravitationsfeld gehen langsamer.".

Die Gravitation ist also in der Lage Uhren langsamer laufen zu lassen. Natürlich lässt sich die Zeitkrümmung auch in diesem Fall messen. Auch auf der Erde. Nehmen wir als Beispiel erneut den Mount Everest. Befindet man sich oben auf der Spitze, ist man fast 9 Kilometer von der Erdoberfläche entfernt. Somit ist man dem Gravitationsfeld, welches vom Erdkern ausgeht, schon mal ein kleines bisschen entflohen. Verglichen mit kosmischen Entfernungen ist dies zwar praktisch gleich nichts, aber dennoch sind unsere wunderbar genauen Atomuhren in der Lage einen Unterschied zu messen. Das bedeutet also, dass wir beispielsweise auf der Spitze des höchsten Berges der Erde schneller altern, als unten auf der Erdoberfläche. Auch die temporären Bewohner der ISS haben bereits Zeitdifferenzen zu den Uhren auf der Erde gemessen. Und auch Satelliten haben übrigens eine Atomuhr an Bord, wodurch wir wissen, dass sie durch die Entfernung zur Erde jeden Tag ein paar Mikrosekunden schneller laufen. Wissenschaftler haben sogar ausgerechnet, dass innerhalb einer Milliarde Jahren der Kopf eines Menschen 7 Sekunden schneller altert, als seine Füße, da er sich etwas weiter von der Erdoberfläche weg befindet.

(Die internationale Raumstation "ISS".)

Weiße Löcher. Schwarze Löcher wurden bereits über 100 Jahre, bevor man sie tatsächlich entdeckte, von Albert Einstein vorhergesagt. Heute wissen wir, dass es sie wirklich gibt und haben auch schon Fotos davon machen können. Doch lassen Einsteins Feldgleichungen der Allgemeinen Relativitätstheorie auch eine weitere Möglichkeit zu: Die Weißen Löcher. Sie sind schlichtweg das genaue Gegenteil von Schwarzen Löchern. Sie nehmen keine Materie auf, sondern stoßen diese stattdessen aus. Unweigerlich strömt dauerhaft Materie aus ihnen heraus. Daher bewegt sich auch nichts auf sie zu, sondern eher von ihnen weg. Auch sie besitzen einen Ereignishorizont. Beim Schwarzen Loch kann diesen nichts mehr verlassen, wenn er überschritten wurde. Beim Weißen Loch ist es hingegen so, dass durch die starke Strahlung von Materie und Energie, absolut nichts den Ereignishorizont passieren kann. Es ist also unmöglich in ein Weißes Loch hineinzugelangen. Wie aus einem Schwarzen Loch kein Weg mehr herausführt, gibt es hier keinen Weg hinein. Auch in der Mitte von Weißen Löchern befindet sich eine Singularität mit einem maximal verdichteten Punkt.

Es wäre möglich, dass Weiße Löcher nichts weiter als eine Evolutionsstufe von Schwarzen Löchern sind. Gewissermaßen als letzter Atemzug des Schwarzen Loches. So könnte es sein, dass ein Schwarzes Loch irgendwann keine Masse mehr aufnehmen und verdichten kann und kollabiert. Sein Tod wird damit zum Weißen Loch. Doch bisher sind dies alles nur Theorien. Weiße Löcher sind zwar rechnerisch möglich, jedoch bedeutet dies nicht, dass sie deshalb auch existieren. Man bezeichnet sie daher als "hypothetische astronomische Objekte". Der Grund dafür ist, dass sie bisher nur in der Theorie existieren und noch nicht entdeckt oder bestätigt werden konnten. Die Fahndung nach solchen Objekten war bisher leider erfolglos. Die Vorstellung an ihre Existenz hat jedoch etwas beeindruckend Schönes.

Weiße Löcher wären tatsächlich auch tolle Anwärter für die Dunkle Materie. Es gibt Theorien über unglaublich kleine Weiße Löcher. Damit wären sie für unsere Augen und Teleskope unsichtbar. Und da sie zwar eine Masse haben, aber alles von sich weggestoßen, reagieren sie auch mit nichts. Doch die Dunkle Materie ist nicht das Einzige, wofür Weiße Löcher tolle Kandidaten wären. Auch der Urknall könnte ein Weißes Loch gewesen sein. Eine große Explosion aus der unweigerlich Materie strömt. Das erscheint durchaus plausibel. Vor allem, wenn man bedenkt, dass Schwarze Löcher Wunden in die Raumzeit reißen und selbst hinter der Singularität eigene Universen bilden könnten. Und so könnte man zu einer Verbindung zwischen Schwarzen und Weißen Löchern kommen.

Wurmlöcher. Vom einen Ende unserer Milchstraße bis zum anderen sind es circa 200.000 Lichtjahre. Das ist bereits unvorstellbar groß. Und doch ist die Milchstraße nur eine von unfassbar vielen Galaxien. Wenn man vom einen Ende zum anderen reisen möchte, benötigt man selbst mit Lichtgeschwindigkeit immer noch 200.000 Jahre. Kein Mensch und wahrscheinlich auch keine Zivilisation kann so lange in einem Raumschiff überleben. Doch was wäre, wenn man eine Abkürzung durch Raum und Zeit schaffen könnte? Wenn eine Raupe (beziehungsweise Wurm) sich ihren Weg über die Oberfläche eines Apfels bahnt, ist er bedeutend länger, als wenn sie sich stattdessen hindurchbeißen würde. Daher kommt der Name Wurmloch. Ein solches ist wie ein Tunnel durch die gekrümmte Raumzeit. Wenn man ein Blatt Papier auf einen Schreibtisch legt, ist es unmöglich einen Bleistift hindurchzustechen. Doch wenn man das Blatt nun an beiden Seiten zusammenschiebt, dann wellt es sich in der Mitte nach oben. Dies ist vergleichbar mit der gekrümmten Raumzeit. Und nun ist es ohne Weiteres möglich einen Bleistift durch das Blatt zu stechen und damit eine Verbindung zu schaffen. Und exakt so funktioniert auch ein Wurmloch. Dabei kann der Tunnel zwei verschiedene Orte in unserem Universum verbinden oder sogar ein Weg sein, der von dem unseren in ein anderes Universum führt. Schließlich wissen wir ja bereits, dass Schwarze Löcher die Raumzeit so extrem krümmen, dass sie ein Loch in sie reißen können. Wenn man ein Schwarzes Loch und ein Weißes Loch miteinander verbindet, erhält man ein Wurmloch, welches zumindest einseitig durch die Raumzeit führt. Dies nennt man "Einstein-Rosen-Brücke". So wäre es auch denkbar, dass die Materie, die ein Schwarzes Loch verschlingt, an einer völlig anderen Stelle im Universum herauskommt. Oder dass sie sogar ein neues Universum bildet. In der Welt der Schwarzen und Weißen Löcher ist ein Tunnel durch Raum und Zeit keine schwierige Angelegenheit. Denn auch die Wurmlöcher ergeben sich aus den Feldgleichungen der Allgemeinen Relativitätstheorie. So besagt Einsteins Theorie zwar, dass solche Tunnel einwandfrei möglich sind, doch wären wir nicht in der Lage sie aufrecht zu erhalten. Leider werden sie höchst instabil, wenn Materie in sie hineinfällt. Sobald sich auch nur ein winzig kleines Teilchen durch den Raumzeittunnel zu bewegen versucht, kollabiert dieser schlagartig. Dies liegt an der Gravitation, welche die Materie auf das Wurmloch ausübt. Diese zieht das Wurmloch gewissermaßen in seinem Inneren zusammen und so kommt es zum Zusammenbruch. Es würde demnach eine exotische Form von Materie notwendig sein, um den Tunnel aufrechtzuerhalten. Diese Materie müsste eine negative Masse haben, damit sie die Raumzeit des Wurmlochs nicht durch seine gravitative Wirkung stört. Außerdem würde ein Mensch als potentieller Reisender bereits vor dem Kollaps des Wurmlochs kläglich scheitern. Schließlich müsste er den Gravitationskräften eines Schwarzen Loches trotzen. Und dabei würde selbst das stabilste Raumschiff vollständig zerrissen werden. Und vermutlich auch alles Andere.

(Grafische Darstellung einer Einstein-Rosen-Brücke in der gekrümmten Raumzeit.)

Quantenphysik. Aktuell besagt die Wissenschaft also, dass solche Einstein-Rosen-Brücken zwar in der Theorie einwandfrei möglich sind, jedoch hat man es noch nicht geschafft, solche zu erzeugen. Und selbst wenn man es könnte, würde man sie vermutlich nicht aufrecht erhalten können. Möglicherweise befindet sich im Inneren von Schwarzen Löchern auch gar keine Singularität. Schließlich sind wir nicht in der Lage diese zu beschreiben. Wir wissen nur, dass sich nach der Allgemeinen Relativitätstheorie dort ein unendlich kleiner Punkt mit maximal verdichteter Materie befindet. An dieser Stelle ist die Quantenphysik gefragt. Ein Gesetz der Quantenphysik besagt zum Beispiel, dass absolut nichts verloren gehen kann. Keine Information und keine Energie. Wenn man diesen Gedanken weiterführt, könnte man durchaus wieder zu dem Schluss kommen, dass Schwarze Löcher die Tore zu anderen Universen sind. Tunnel, die durch die gekrümmte Raumzeit führen, sind jedoch nicht nur als Einstein-Rosen-Brücken denkbar. Durchaus konnten auch schon die Quantenmechanik und die String-Theorien solche Gebilde mathematisch korrekt beschreiben.

Eine Empfehlung. Wenn Sie mal einen guten Film sehen wollen, in dem nicht nur die Spezielle, sondern vor allem auch die Allgemeine Relativitätstheorie perfekt und zu einhundert Prozent berücksichtigt wurde, möchte ich Ihnen einen ganz besonderen Hollywood-Streifen ans Herz legen: "Interstellar" von "Christopher Nolan", unter anderem mit den Berühmtheiten "Matthew McConaughey" und "Anne Hathaway" in den Hauptrollen. In diesem hervorragenden Film geht es um das Überleben der Menschheit in einer dystopischen Zukunft, nachdem sie die Erde stark runtergewirtschaftet hat. Im Verlauf des Films ist ein Team in fernen Galaxien auf der Suche nach einem Ersatzplaneten. Der Film ist dabei nicht nur besonders emotional und äußerst packend. Er ist vor allem auch auf dem aktuellsten Stand der Physik und stellt Themen wie die Zeitdilatation, Schwarze Löcher, Gravitation, die Raumzeit, höhere Dimensionen und Wurmlöcher auf korrekte Art und Weise dar. Der Film ist wissenschaftlich als auch emotional ein absolutes Meisterwerk und könnte zudem einen traurigen, aber realistischen Blick auf unsere Zukunft geben. Musikalisch wird er mit hervorragenden Kompositionen von "Hans Zimmer" untermalt, welcher weltweit als einer der absoluten top Filmkomponisten gilt. Um die physikalischen Begebenheiten in dem Film korrekt darstellen zu können, diente der Physiknobelpreisträger "Kip Thorne" als wissenschaftlicher Berater. Er gilt unter Wissenschaftlern als der Experte schlechthin für Gravitation und Schwarze Löcher. Zudem ist er Leiter eines Gravitationswellenobservatoriums in den USA. Darüber hinaus wurde mit mehreren Programmierern allein für die Darstellung eines Schwarzen Loches und seiner Akkretionsscheibe ein großes Visualisierungsprogramm geschrieben. Auch hierbei wirkte der Physiknobelpreisträger mit. Das Ergebnis war, dass der Film für seine hervorragende visuelle Darstellung von korrekten physikalischen Begebenheiten im Weltraum sogar einen Oscar gewonnen hat. Aufgrund der physikalischen Geschehnisse und Effekte ist der Film für den Zuschauer allerdings äußerst anspruchsvoll. Die meisten Menschen müssen ihn zwei- bis dreimal gesehen haben, bevor sie den Großteil des Films verstanden haben. Doch wenn Sie die Inhalte dieses Buches vollständig gelesen und verstanden haben, sollte Interstellar ein Leichtes für Sie sein.

Sind wir allein im Universum?

(Epilog)

Albert Einstein war ein Genie, das unser Weltbild radikal verändert hat. Er ist wohl nach wie vor der bekannteste Physiker, der jemals über diesen Erdball gewandelt ist. Durch seine herausragenden Leistungen in der theoretischen Physik ist er wie ein Popstar unter den Wissenschaftlern. Seinen Namen kennt jeder Mensch auf der Welt. Ganz gleich ob er schon mal mit Physik oder allgemein mit Wissenschaft in Berührung gekommen ist. Albert Einstein war wahrscheinlich der großartigste Denker, den die Menschheit bis jetzt hervorgebracht hat. Doch er erlangte seine herausragenden Erkenntnisse nicht nur durch seinen unglaublichen Intellekt. Es war vor allem die Bereitschaft, Dinge aus einer anderen Perspektive zu betrachten. Und diese Eigenschaft scheint in der modernen Gesellschaft bedauerlicherweise immer mehr verloren zu gehen.

Die Menschen sehen ausschließlich Schwarz oder Weiß und alles wird pauschalisiert. Doch so funktioniert weder der Mensch als Individuum, noch die Welt um uns herum. Die Realität sieht oftmals anders aus. Zwischen Schwarz und Weiß gibt es in der Regel viele Nuancen aus Grautönen. Und die Bereitschaft die Welt aus diesem Blickwinkel heraus zu betrachten, machte Einsteins wahren Intellekt aus.

Wenn der Planet Erde in Zukunft gerettet werden soll, dann müssen wir unsere menschliche Arroganz und unseren Egoismus ablegen und stattdessen all unseren Intellekt zusammenführen. Dafür ist die Bereitschaft, Dinge aus einer neuen Perspektive zu sehen von größter Wichtigkeit. Doch wenn wir den Planeten nicht retten können, dann muss die Menschheit umziehen und einen neuen Planeten besiedeln, sofern sie überleben will.

Exoplaneten. Damit sich auf einem Planeten Leben entwickeln kann beziehungsweise damit eine bestehende Zivilisation ihn besiedeln kann, müssen verschiedene Voraussetzungen gegeben sein. Erfüllt er diese, bezeichnet man ein solches erdähnliches Objekt als einen Exoplaneten. Mittlerweile haben die Astronomen bereits tausende solcher Exoplaneten gefunden. Es ist also allein anhand dessen schon nicht ausgeschlossen, dass wir alleine im Universum leben. Zahlreiche Faktoren sind notwendig, damit Leben überhaupt erst möglich wird:

1. **Habitable Zone.** Zunächst muss ein erdähnlicher Planet in der sogenannten habitablen Zone liegen. Das bedeutet, dass er nicht zu weit weg von seinem Zentralstern sein darf. Denn das hätte zu niedrige Temperaturen auf dem Planeten zur Folge, da zu wenig Licht und Wärme auf dem Planeten ankommen. Auf der anderen Seite

darf der Planet aber auch nicht zu nah am Zentralstern dran sein. Denn sonst würde das genaue Gegenteil eintreffen: Es gäbe zu viel Wärme und zu viel Licht auf dem Planeten. Zu hohe als auch zu niedrige Temperaturen erschweren die Entwicklung von Leben erheblich oder machen es gar unmöglich. Es wird also letztendlich wie so oft die goldene Mitte benötigt.

2. **Wasser.** Das Vorkommen von Wasser war zumindest auf der Erde ein entscheidender Faktor, um die Entstehung von Leben zu begünstigen. Alles Leben das wir kennen besteht aus Kohlenwasserstoffverbindungen. Auch andere Substanzen wären als eine Art Kohlenstoffersatz (C) und Wasserersatz denkbar. Zum Beispiel Silizium (Si). Allerdings ist die Lebensentwicklung ohne Wasser denkbar unwahrscheinlich.

3. **Sauerstoffatmosphäre.** Sauerstoff (O) ist auf der Erde ebenfalls eine notwendige Substanz, um Leben zu ermöglichen. Dieser muss jedoch auch noch eine Atmosphäre bilden. Das heißt, dass die Gravitation des Planeten zumindest so stark sein muss, dass der gasförmige Sauerstoff auf dem Planeten gehalten wird. Doch auch hierbei wäre eine Ersatzsubstanz denkbar.

4. **Schutz vor kosmischen Objekten.** Wichtig ist auch, dass sich der Planet in einer ruhigen Umgebung befindet. Wenn er ständig von kosmischen Trümmern bombardiert wird, kann keine Zivilisation überleben. In unserem Fall befindet sich das Sonnensystem weit außen in der Milchstraße, in einem ihrer Spiralarme. In dieser Gegend ist also nicht viel los. Zudem schützt uns aber auch noch der große schwere Jupiter mit seiner Gravitation. Er hält viele kleinere kosmische Objekte, die in unser Sonnensystem eintreten, davon ab, in die Nähe der Erde zu kommen. Aber auch der Mond schützt uns

mit seiner Gravitation, während er um unseren Planeten kreist. Auch wenn er nur als unser kleiner Trabant gilt, so fängt er trotzdem eine bedeutende Zahl an kleineren kosmischen Objekten ab, die ansonsten die Erde treffen würden.

5. **Keine starke äußere Gravitation.** Wichtig ist auch, dass andere nahe Objekte, wie beispielsweise weitere Planeten, keine zu starken Gravitationskräfte auf den zu bewohnenden Planeten auswirken. Denn sonst könnte seine Umlaufbahn gestört oder gar das komplette Sternensystem ins Ungleichgewicht gebracht werden. Auch hier spielt der Jupiter in unserem Sonnensystem wieder eine entscheidende Rolle. Als größter und mit Abstand schwerster Planet wechselwirkt er am stärksten gravitativ mit der Sonne. Dadurch wird das gesamte Sonnensystem in einem empfindlichen Gleichgewicht gehalten, von dem vor allem die kleinen Planeten zwischen Sonne und Jupiter profitieren. Merkur, Venus, Erde und Mars sind also auch von der Gravitation des Jupiters abhängig.

6. **Eigenrotation.** Wenn ein Planet nah an ein kosmisches Objekt mit einer starken Gravitation auf einer Umlaufbahn gebunden ist, dann kann es vorkommen, dass die Gravitation des zentralen Objekts die Eigenrotation des Planeten abbremst. Genau dies ist beispielsweise auch zwischen Erde und Mond passiert. So kommt es, dass uns der Mond ausschließlich ein und dieselbe Seite zeigt. Seine Rückseite war lange Zeit ein Rätsel. Tatsächlich kursierten darüber sogar immer wieder die kuriosesten Geschichten in den Medien. Wenn eine Seite eines Planeten dauerhaft dem Muttergestirn zugewandt ist, dann bedeutet das, dass auf ihr dauerhaft Tag ist. Auf der anderen Seite des Planeten herrscht da-

gegen dauerhaft die Nacht, sodass es immer dunkel ist. Lebensbegünstigend ist dies nicht. Jedoch muss man auch bedenken, dass das Leben uns bereits in so skurrilen, verwunderlichen und abstrakten Formen auf der Erde bekannt ist, dass noch viel verrücktere Lebensformen auf anderen Planeten existieren könnten.

Viele Exoplaneten liegen, soweit wir das von der Erde aus abschätzen können, in der habitablen Zone. Sie bekommen also entsprechend nicht zu viel und nicht zu wenig Licht und Wärmeenergie von ihrem Zentralgestirn ab. Und auf einigen davon konnten wir bereits Kohlenwasserstoffverbindungen, Sauerstoffatmosphären und Wasser in flüssiger Form feststellen. So wäre also zumindest das Potenzial für die Entwicklung von Leben vorhanden. Dabei sprechen wir aber lediglich von wenigen Tausenden, die wir bereits entdecken konnten. Das ist ein verschwindend geringer Teil, wenn man bedenkt, wie viel das Universum bei seiner Größe noch zu bieten hat. Doch wenn wir bereits jetzt bei den vergleichsweise wenigen beobachteten Systemen eine solche Anzahl an Exoplaneten mit Lebenspotential gefunden haben, wie viele muss es dann noch von ihnen geben? Weiteres Leben im Universum oder gar in unserer Milchstraße ist also absolut nicht unwahrscheinlich.

Wie bereits von unserem unmittelbaren Nachbarsystem Alpha Centauri bekannt ist, gibt es sogar Dreifachsternsysteme. Stellen Sie sich einmal vor, Sie würden morgens aufstehen, auf ihre Terrasse gehen und drei verschiedene Sonnen aufgehen sehen. Ein erschreckend ungewohntes, fast schon furchteinflößendes, aber sicherlich auch wunderschönes Bild.

(Künstlerische Darstellung eines Sonnenaufgangs auf einem Exoplaneten mit drei Sternen.)

Oder nehmen wir noch ein weiteres Beispiel: Die Wissenschaft hat inzwischen einen erdähnlichen Planeten gefunden, der eine Art "Super-Saturn" ist. Er hat genau wie unser Saturn riesige Ringe aus kosmischen Trümmern, die ihn begleiten. Doch bei diesem Planeten sind sie noch circa zweihundertmal größer. Stellen Sie sich vor, was es für ein Anblick wäre, wenn Sie draußen unterwegs sind und am Himmel riesige Ringe um ihren Heimatplaneten sehen. Oder besser noch: Stellen Sie sich vor, wie das Ganze bei Nacht aussähe, wenn die Ringe das Licht des Zentralgestirns reflektieren. Aber es geht noch verrückter und noch schöner. Es gibt sogar Planeten, auf denen es wirklich und wahrhaftig Edelsteine regnet. Sie besitzen eine Atmosphäre, die überwiegend Korund enthält. Dies ist das Mineral, welches den Hauptbestandteil von Rubinen und Saphiren darstellt. Dort gibt es ähnliche Wetterphänomene wie auf der Erde. Jedoch regnet es kein Wasser, sondern unzählige Edelsteine.

(Geschliffene Rubine, deren Hauptbestandteil das Mineral Korund ist.)

Außerirdisches Leben. Die Grundfrage mit der sich die Astrobiologie beschäftigt ist: "Gibt es außerirdisches Leben?". Auch hierbei muss ein jeder ehrlicher Astrophysiker grundlegend zugeben: Wir wissen es nicht. Wenn man allerdings bedenkt, dass sich allein in unserer Milchstraße circa 10^{11} Sterne befinden und die gleiche Summe noch mal an Galaxien existiert, dann ist die Chance auf weiteres intelligentes Leben tatsächlich äußerst hoch. Die heutige Wissenschaft kennt eine Formel, in die man alle Faktoren, die für Leben auf einem fremden Planeten notwendig sind, inklusive der Wahrscheinlichkeit, einbeziehen kann. So errechnet sich ein Durchschnittswert für eine Galaxie, mit dem man zu dem Schluss gekommen ist, dass neben uns allein in der Milchstraße durchschnittlich 6 weitere Planeten mit Leben existieren. Da dies nur ein Durchschnittswert ist, spiegelt er natürlich nicht direkt die Realität wieder. Es kann auch sein, dass es außer uns überhaupt kein weiteres intelligentes Leben in der Milchstraße gibt. Es kann stattdessen aber auch genau so gut sein, dass es weit über 1.000.000.000 belebte Planeten allein in unserer Galaxie gibt. Wieso sollten wir bei dieser unglaublichen Anzahl an Galaxien und Sternen im Universum die einzige intelligente Lebensform sein? Dies anzunehmen wäre schlichtweg maßlos arrogant. Allerdings hat der Mensch leider im Laufe seiner Geschichte oftmals bewiesen, dass er eben genau dies ist. Zuerst dachte man, die Erde sei der Mittelpunkt des Sonnensystems und das Sonnensystem der Mittelpunkt des Universums. Damit war man auch der Ansicht, die Sonne drehe sich um die Erde. Heute sind viele Menschen dagegen offenbar der Ansicht, die ganze Welt drehe sich nur um sie selbst. Auch wenn dies eher eine traurige Wahrheit ist, als hier nur ein Scherz am Rande. So sind zum Beispiel auch Kriege, die Ausrottung von Tierarten, Massentierhaltung, Atombomben und die Umweltverschmutzung nichts weiter als Indikatoren für die Arroganz und den Egoismus des Menschen. Und diese Liste könnte man noch Lichtjahre weit fortsetzen. Hoffen wir, dass unsere Arroganz nicht eines Tages auch unser Todesurteil ist. Sei es durch atomare Verstrahlung oder gar eine andere Verwüstung des Planeten.

Doch wenn es so wahrscheinlich ist, dass außer uns noch weiteres intelligentes Leben im All existiert, warum haben wir dann davon noch nichts mitbekommen? Die Tatsache, dass wir noch keine außerirdischen Wesen getroffen haben, kann exakt fünf Gründe haben:

1. **Unentdeckt.** Der Hauptgrund wäre wahrscheinlich, dass uns durch die unvorstellbare Anzahl von Sternen und Planeten im Universum noch keine andere intelligente Lebensform entdeckt hat.
2. **Entfernung.** Eine weitere Möglichkeit wäre, dass wir zwar entdeckt wurden, es aber genau wie wir auch sonst noch keine Zivilisation geschafft hat, die gigantischen kosmischen Entfernungen zu überwinden oder sich über diese bemerkbar zu machen.
3. **Ungewollter Kontakt.** Vielleicht hat uns bereits eine fremde Zivilisation ausfindig gemacht, doch möglicherweise blicken diese Wesen auf uns herab und haben gar keine Lust mit uns in Kontakt zu treten. Möglicherweise könnten sie uns für zu primitiv und zu kriegerisch halten.
4. **Überleben.** Es wäre leider aber auch möglich, dass es bisher schlichtweg keine andere Zivilisation geschafft hat zu überleben bis sie die Technologie für eine Kontaktaufnahme oder gar Reisen zu weit entfernten Planeten entwickeln konnte.
5. **Existenz.** Die letzte, aber sehr unwahrscheinliche Möglichkeit wäre, dass es schlichtweg keine weiteren intelligenten Lebewesen gibt.

Vergessen Sie aber niemals, dass der Außerirdische auch nur ein "Mensch" ist. Für außerirdisches Leben gelten dieselben Bedingungen wie für uns. Doch könnte diese Art von Menschen ein ganz anderes Aussehen haben und ganz andere Fähigkeiten besitzen. Schließlich sind solche Eigenschaften von der Evolution abhängig. Und diese passt sich den Begebenheiten des natürlichen Lebensraumes an. So kann es zum Beispiel sein, dass sich außerirdisches Leben auf einem Planeten entwickelt, welcher eine viel größere Masse als die Erde und damit auch eine stärkere Gravitation hat. So müssten die Lebensformen auf diesem Planeten mehr oder vor allem stärkere Muskeln haben. Eine andere denkbare Sache wäre, dass die Eigenrotation des Planeten viel langsamer ist, als es bei unserer Erde der Fall ist. Wenn dort Beispielsweise eine Umdrehung so lange ist wie 10 Tage bei uns auf der Erde, dann wären dort ein Tag und eine Nacht jeweils 5 Tage lang. Dies könnte beispielsweise dazu führen, dass die Lebensformen viel größere und besser koordinierte Energiespeicher haben. Auch in der Größe könnten sie sich erheblich von uns unterscheiden. Von mikroskopisch kleinen Wesen bis hin zu gigantischen Riesen wäre alles denkbar. Leben bedeutet Evolution. Und letztendlich bleibt dies immer eine Frage dessen, wie sich die Evolution den Bedingungen des jeweiligen Planeten angepasst hat. Denn was sich nicht anpasst, das stirbt.

Doch wenn es wirklich außerirdisches Leben gibt und der Außerirdische auch nur "ein Mensch" ist, müssen wir uns überlegen, ob wir überhaupt gefunden werden wollen. Denn wenn eine Zivilisation im All auf der Suche nach fremden Leben ist, kann sie dabei entweder gute oder aber auch böse Absichten haben. Ersteres wäre, dass sie etwas über andere Lebensformen und von deren Existenz lernen will. Sie wären von der Neugierde und vom Wissensdrang angetrieben. Zweiteres wäre hingegen, dass eine solche Zivilisation ums Überleben kämpft und ihren Heimatplaneten bereits ausgebeutet hat. In einem solchen Fall wäre eine feindliche Gesinnung, um an neue Ressourcen und Planeten zu kommen, nicht unwahrscheinlich.

Lichtgeschwindigkeit. Fakt ist: Die abartig großen Entfernungen im Weltraum sind einfach zu gigantisch. Die Lichtgeschwindigkeit ist das Schnellste was es nach unserem Verständnis vom Universum nur irgendwie geben kann. Doch leider wird es uns nach diesem Weltbild auch auf alle Zeit untersagt bleiben jemals mit dieser Geschwindigkeit reisen zu können. Aber selbst wenn wir es fertig brächten mit einer solchen zu reisen, würde es immer noch Jahrtausende dauern, bis man ein Sternensystem erreicht, das auch tatsächlich lebensfreundlich ist. Allerdings wird es auch dazu nicht kommen, denn die Wissenschaft nennt aktuell folgende Gründe, weshalb wir niemals die Lichtgeschwindigkeit erreichen können:

1. **Energiequellen.** Wenn Materie auf Lichtgeschwindigkeit gebracht werden würde, dann stiege ihre Masse dabei ins Unermessliche an. Um eine unendlich große Masse zu bewegen bräuchte es jedoch auch unendlich viel Energie. Und da die Energie im Universum begrenzt ist, gibt es keine Quellen um Materie auf Lichtgeschwindigkeit zu beschleunigen.
2. **Trägheitskräfte.** Ein Raumschiff muss auch manövrieren, um kosmischen Objekten auszuweichen. Die Trägheitskräfte sind bei einem Flug mit einer solchen Geschwindigkeit so extrem, dass unser Körper dies nicht überstehen könnte. Der Druck, der durch die Querbeschleunigung bei einer solchen Geschwindigkeit auf den Körper wirkt, würde ihn schlichtweg erdrücken.
3. **Strahlung.** Wenn man sich mit einer derartigen Geschwindigkeit durch das All bewegen würde, würde jegliche Strahlung, die von Sternen auf einen zukommt, extrem verstärkt werden. Dabei verschieben sich durch die Front des Raumschiffs gewissermaßen die Strahlungsteilchen ineinander. Daraus entsteht dann sehr

starke Gammastrahlung, die den potentiellen Astronauten im Raumschiff regelrecht grillen würde.
4. **Partikel.** Wenn man mit einem Motorrad mit einer normalen Geschwindigkeit von 100 km/h auf einer Landstraße unterwegs ist, sollte man immer das Visier vom Helm heruntergeklappt lassen. Denn wenn einem bei einer solch harmlosen Geschwindigkeit eine Fliege in die Quere kommt, kann der Aufprall im Gesicht ziemlich schmerzhaft sein. Wenn man nun stattdessen mit Lichtgeschwindigkeit durch den Weltraum reist, ist man mit einer Milliarde km/h unterwegs. Trifft man dabei auf normalerweise harmlose Staubpartikel, werden diese zu einer absolut tödlichen Waffe. So würde auf einigen Teilen der Reise ein regelrechtes Bombardement auf das Raumschiff treffen.

Aber man soll niemals nie sagen, wie es so schön heißt. Vor wenigen Jahrhunderten war der Mensch noch der festen Überzeugung, dass wir es niemals schaffen werden zu fliegen. Doch dies wurde längst bewerkstelligt. Später war es völlig undenkbar, dass wir jemals die Schallgeschwindigkeit knacken würden. Doch auch das haben wir mittlerweile geschafft. Und ein wichtiger Grundsatz von allen Philosophen, Visionären und Motivationstrainern ist: Alles was gedacht werden kann ist auch möglich. Aktuell liegt die Antwort allerdings eher weniger in Lichtgeschwindigkeitsreisen. Vielmehr müsste man die Lichtgeschwindigkeit und die damit verbundenen Regeln umgehen und das Universum gewissermaßen mit Alternativen austricksen.

Raketenantrieb. Herkömmliche Raketen erzeugen ihren Schub durch das Verbrennen von Treibstoffen. Dabei werden Gase ausgestoßen, was wiederum einen Rückstoß erzeugt. Dieser

Antrieb ist weder effizient, noch sind wir damit in der Lage nennenswerte Geschwindigkeiten zu erreichen, die notwendig wären ein Nachbarsternsystem innerhalb eines Menschenlebens zu erreichen. Darüber hinaus kann man ein Spaceshuttle auch noch in das nähere Gravitationsfeld von größeren Planeten unseres Sonnensystems schicken, wodurch sie kurzzeitig auf eine Umlaufbahn geraten und noch mal zusätzlichen Schwung holen können. Dieses Prinzip hat man bereits mit einigen Raumsonden angewandt. Doch auch dies führt nicht mal annähernd zu Geschwindigkeiten, die ausreichen würden.

Photonenantrieb. Die moderne Physik hat jedoch inzwischen eine beeindruckende Methode gefunden, zumindest kleine Reiseobjekte auf bis zu 30% der Lichtgeschwindigkeit zu beschleunigen: Photonen sind die Teilchen aus denen Licht besteht. Sie besitzen zwar keine Masse, doch haben sie dennoch Energie. Mit einem oder mehreren leistungsstarken Lasern kann man die Photonenenergie auf ein Raumschiff übertragen. Dies geschieht, indem man ausgefahrene Segel des Raumschiffs gezielt mit den Lasern beschießt. Durch den Strahlungsdruck des Photonenbeschusses bekommt das Objekt im Weltraum Schub und beschleunigt. Diese Methode benötigt also nicht mal Treibstoff und ist daher sehr effizient. Vor allem ist aber die damit zu erreichende Geschwindigkeit äußerst bemerkenswert. Wobei diese bedauerlicherweise stark von der Größe und dem Gewicht des Raumschiffs abhängig ist.

Warp-Antrieb. Für viele Entdeckungen in der Astrophysik war kurioserweise Sciencefiction zunächst die Grundlage. Dinge die sich Autoren aus ihrer Kreativität heraus ausgedacht haben, wurden später Wirklichkeit und von der Wissenschaft wahr gemacht. Die klassische Reisevariante in Sciencefiction-Romanen und -filmen ist der allseits bekannte Warp-Antrieb. Er funktioniert ähnlich wie ein Wurmloch, indem er die Raumzeit um das Raumschiff herum krümmt. Da es schlichtweg unmöglich ist mit einem Raumschiff mit Lichtgeschwindigkeit zu reisen, muss man stattdessen die Raumzeit manipulieren, um eine Abkürzung zu schaffen. Der Warp-Antrieb ist in der Lage wie eine Art Blase um das Raumschiff herum zu schaffen. Im vorderen Bereich wird die Raumzeit komprimiert beziehungsweise gestaucht, während sie im hinteren Bereich wieder expandiert beziehungsweise gestreckt wird. Auf diese Weise kann man die Raumzeit um das Raumschiff herum so manipulieren, dass sich die zu überwindende Strecke stark verkleinert. Obwohl das Raumschiff dabei bei Weitem nicht mit Lichtgeschwindigkeit fliegt, wird die Strecke durch die gekrümmte Raumzeit so kurz, dass man sein Ziel so schnell erreicht, wie wenn man mit einem Vielfachen der Lichtgeschwindigkeit reisen würde.

Auch die Quantenphysik begünstigt die Warp-Technologie. Durch einen reinen Zufall ist es Forschern auch schon gelungen eine solche auf mikroskopischer Ebene zu erzeugen. Inzwischen gibt es zwei Möglichkeiten über die das Prinzip des Warp-Antriebs in der Realität tatsächlich umsetzbar ist: Zunächst war man der Ansicht, dass wie bei einem Wurmloch, auch hier exotische Materie mit negativer Masse vonnöten wäre. Auch die benötigte Menge dieser antigravitativen Masse ist inzwischen auf eine realistische Menge gebracht worden. Und tatsächlich haben Forscher es auch schon geschafft eine geringfügige Menge davon herzustellen. Dieses sogenannte "Bose-Einstein-Kondensat" wurde aus Rubidium-Atomen (Rb) erzeugt. Doch inzwischen gibt es auch mathematische Wege, die zeigen, dass ebenso herkömmliche Energien die Warp-Technik betreiben könnten. Allerdings ist dafür wiederum extrem viel Energie notwendig. Um die Raumzeit zu verzerren, muss das Schiff riesig groß sein. Es würde allein für den Antrieb eine

Energiemenge verlangen, die so groß ist wie die Masse des Jupiters. Nichtsdestotrotz kommt die Forschung hierbei mittlerweile in einen Bereich, der es ermöglichen könnte schon bald mit der Praxis bei solchen Verfahren zu starten.

Schlusswort. Es ist zum Glück nicht mehr im Trend zu glauben, dass die Erde der Mittelpunkt im Universum sei. Heutzutage lebt die Astrophysik in einer Welt, in der Wurmlöcher, Warp-Antriebe und Raumzeitreisen mathematisch bereits ausführbar sind. Und auch die Quantenphysik wird immer erfolgreicher und besser. Teilchen können beispielsweise über unglaubliche Entfernungen miteinander verschränkt sein. So haben es Wissenschaftler sogar erstaunlicherweise bereits geschafft, Photonen mithilfe von Quantenverschränkung über 100 Kilometer weit zu teleportieren. Wenn wir das Universum irgendwann vollends verstanden haben, haben wir es möglicherweise vollbracht die Allgemeine Relativitätstheorie mit der Quantenmechanik zu vereinigen. Und dann sind wir möglicherweise auch hinter die Geheimnisse der Gravitation gekommen. Verstehen wir die Gravitation, haben wir den Schlüssel zum gesamten Universum. Fakt ist bis dahin jedoch: Bei 10^{22} Sternen im Universum sollte man definitiv von weiteren Lebensformen ausgehen. Ganz gleich in welcher Art. Und ganz egal wie fortgeschritten diese Zivilisationen sein mögen und über welche Antriebe und Technologien sie verfügen könnten. Um es mit den Worten von "Tony Stark" alias "Iron Man" aus dem berühmten Film "Avengers: Endgame" zu halten, die er vor seinem Ableben mit einem Hologramm von sich an seine Familie aufgezeichnet hat: "Was für eine Welt! Was für ein Universum! Hätte man mir vor 10 Jahren gesagt, dass wir nicht allein sind, noch dazu in diesem Ausmaß, es hätte mich nicht überrascht."

(Künstlerische Darstellung eines Menschen, der in die unendlichen Weiten des Universums blickt.)

Wir hoffen dieses Buch konnte Ihnen einen Mehrwert verschaffen. Wenn dies der Fall war und Sie zufrieden sind, würden wir uns sehr freuen, wenn Sie uns auf Amazon ein positives Feedback hinterlassen würden.

Dankeschön!

Zahlen, Daten, Fakten

Lichtgeschwindigkeit

- Licht besteht aus elektromagnetischen Wellen
- Die Lichtgeschwindigkeit beträgt 300.000 km/s beziehungsweise umgerechnet 1.000.000.000 km/h.
- Der schnellste Seriensportwagen der Welt fährt bis zu 490 km/h.
- Schall ist in der Luft 1.236 km/h schnell.
- Das schnellste Flugzeug der Welt fliegt mit bis zu 3.529 km/h.
- Das schnellste Schusswaffenprojektil ist 3.874 km/h schnell.
- Der Erdumfang beträgt 40.000 km.
- Zwischen Mond und Erde liegen 380.000 km.
- Zwischen Sonne und Erde liegen 150.000.000 km.
- Das Licht kann die Erde in einer Sekunde 7,5 Mal umrunden.

- Die Lichtgeschwindigkeit ist eine fundamentale Naturkonstante. Sie ist immer gleich.
- Licht kann weder abgebremst, noch beschleunigt werden.
- Naturkonstanten sind unveränderlich und unbeeinflussbar.
- Ein Lichtjahr sind 9.460.800.000.000 km.
- Eine Astronomische Einheit sind 149.597.871 km.
- Der nächste Stern ist 4,2 Lichtjahre entfernt.
- Die Andromeda-Galaxie ist 2,5 Millionen Lichtjahre entfernt.

Gravitation

- Die Gravitation hält das ganze Universum zusammen.
- Die Gravitation ist die schwächste aller Kräfte, hat aber dennoch die höchste Reichweite.
- Gravitation lässt sich nicht abschirmen oder manipulieren.
- Die Gravitation ist überall im Universum vorhanden.
- Die Stärke der Gravitation ist von der Masse abhängig.
- Gravitation breitet sich in Wellen mit Lichtgeschwindigkeit aus.
- Gravitation nimmt mit dem Quadrat der Entfernung ab.
- Die Sonne hält mit ihrer Gravitation alle Planeten des Sonnensystems fest.
- Die Sonne besitzt 99,86% aller im Sonnensystem befindlichen Masse.
- Der Mond entfernt sich jedes Jahr um 4 cm von der Erde.

- Gravitation ist keine Anziehung von Massen (Newton), sondern eine geometrische Verformung der Raumzeit (Einstein), welche Massen eine Bewegungsrichtung vorgibt.
- Die Gravitation von Massen ist somit in der Lage das Licht von seinen Ausbreitungsbahnen abzulenken.
- Die Ortskonstante / Erdbeschleunigung beträgt für Deutschland 9,81 m/s².
- Die Gravitationskonstante ist ebenfalls eine Naturkonstante.
- Die Gravitationskonstante gibt an, wie stark die Gravitation zwischen zwei ein Gramm schweren Massen mit einem Zentimeter Abstand zueinander ist.

Sterne und Planeten

- Die Sonne hat eine Lebensdauer von etwa 10 Milliarden Jahren und ist aktuell circa 5 Milliarden Jahre alt.
- Eine Sonnenmasse hat 333.000 Erdmassen.
- Die Sonne besitzt 99,86% der gesamten Masse im Sonnensystem.
- Die Energie, welche die Sonne in Form von Licht und Wärme abstrahlt, ist ein zwingender Bestandteil dafür, dass sich das Leben auf der Erde entwickeln konnte und auch nach wie vor bestehen darf.
- Sonnenwinde / -eruptionen sind in der Lage landesweite Stromnetze lahmzulegen.
- Polarlichter entstehen, wenn elektrisch geladene energiereiche Teilchen von Sonnenwinden in die Erdatmosphäre eintreten und mit Sauer- und Stickstoff reagieren.

- Der Aufbau unseres Sonnensystems lautet: Sonne, Merkur, Venus, Erde, Mars, Jupiter, Saturn, Uranus, Neptun und der noch nicht bestätigte Planet Nummer 9.
- Zwischen Mars und Jupiter befindet sich ein Asteroidengürtel.
- Am äußeren Rand des Sonnensystems befindet sich der Kuipergürtel.
- Die Ringe des Saturns bestehen aus unzähligen kosmischen Trümmern.
- Auch Jupiter, Uranus und Neptun besitzen Ringe. Jedoch sind diese viel kleiner und dünner, weshalb sie kaum sichtbar sind.
- Der Saturn hat 82 Monde.
- Der Jupiter hat 318 Erdmassen und besitzt damit 70% der Masse aller Planeten im Sonnensystem.
- Die Gravitation des Jupiters ist wichtig für das Gleichgewicht des Sonnensystems.
- Der Jupiter schützt die Erde mit seiner Gravitation vor Asteroiden und Kometen.
- Der Große Rote Fleck auf dem Jupiter ist ein gigantischer lang anhaltender Sturm.

- Sterne und Gasplaneten entstehen durch Gaswolken, die sich durch Gravitation verdichten.
- Durch die Gravitation eines wachsenden Sterns bildet sich eine weitreichende Akkretionsscheibe aus Material. Darin bilden sich Planeten.
- Planeten können aus Gas, Gestein oder Eis entstehen.
- Der Planetenstatus beinhaltet eine Kugelförmigkeit, eine Umlaufbahn um das Zentralgestirn und ein Aufräumen der unmittelbaren Umgebung.

- Sterne können maximal 300 Sonnenmassen schwer werden.
- Sterne bilden sich und sterben auch wieder durch die Gravitation.
- Durch den Schweredruck werden im Inneren eines Sterns Atome fusioniert.
- In Sternen entstehen chemische Elemente bis zum Eisen. Alle schwereren Elemente entstehen bei Supernovae.
- Braune Zwerge sind eine Zwischenstufe zwischen Gasplaneten und Sternen.
- Rote Zwerge sind die kleinsten Sterne.
- Überriesen sind die größten Sterne.
- Supernovae sind explodierende Sterne.
- Nach dem Sterben eines Sterns bleibt je nach Masse entweder ein Weißer Zwerg, ein Neutronenstern oder ein Schwarzes Loch übrig.
- Weiße Zwerge sind übriggebliebene Eisenkerne von Sternen.
- Weiße Zwerge sind so groß wie Zwergplaneten und werden im Durchmesser höchstens 14.000 Kilometer groß.
- 97% aller Sterne werden nach ihrem Tod zu Weißen Zwergen.
- Weiße Zwerge können 100 Milliarden Jahre alt werden.
- Ein Teelöffel Materie eines Weißen Zwergs wiegt etwa eine Tonne.
- Schwarze Zwerge sind ausgekühlte nicht mehr leuchtende Weiße Zwerge.
- Ist der Eisenkern eines explodierenden Sterns schwerer als 1,4 und leichter als 8 Sonnenmassen, entsteht ein Neutronenstern.

- Neutronensterne bestehen aus besonderer extrem verdichteter Materie. Diese besitzt keine Protonen und Elektronen mehr.
- Neutronensternmaterie ist unverwüstbar.
- Neutronensterne werden maximal 32 Kilometer groß und wiegen dabei bis zu 2,5 Sonnenmassen.
- Ein Teelöffel Neutronensternmaterie wiegt etwa eine Milliarde Tonnen.
- Neutronensterne drehen sich bis zu siebenhundertmal pro Sekunde um sich selbst. Diese nennt man Pulsare.
- Das Gesetz der Drehimpulserhaltung sagt: Je kleiner ein rotierendes Objekt wird, desto höher wird seine Drehzahl.
- Pulsare können ein unglaublich starkes Magnetfeld erzeugen. Diese Pulsare nennt man Magnetare.
- Kompaktheit bedeutet sehr viel Masse auf sehr wenig Volumen / Raum.
- Je kompakter eine Masse ist, desto stärker ist ihre Gravitation.

- Mit 4,2 Lichtjahren Entfernung ist Proxima Centauri der nächstgelegene Stern.
- Der hellste Stern am Nachthimmel ist Sirius.
- Mit dem 2158-fachen der Sonne ist Stephenson 2-18 der größte bekannte Stern.
- Mit 265 Sonnenmassen ist R136a1 der schwerste bekannte Stern.
- Bekannte Sterne sind unter anderem der Proxima Centauri, Alpha Centauri, der Polarstern, Beteigeuze, Rigel, Sirius, Aldebaran, Canopus, Stephenson 2-18, VY Canis Majoris, UY Scuti.

- Die Große Magellanische Wolke und die Kleine Magellanische Wolke sind Zwerggalaxien, die unsere Milchstraße begleiten.
- Der Krebsnebel ist ein noch sehr junger Überrest einer Supernova.

Schwarze Löcher

- Schwarze Löcher sind das absolute Maximum an Masse und Dichte auf einem bestimmten Raum.
- Masse und Gravitation werden in einem Schwarzen Loch unendlich groß.
- Schwarze Löcher haben nur drei Eigenschaften: Masse, Rotation und elektrische Ladung.
- Absolut nichts kann ein Schwarzes Loch verlassen. Keine Materie, kein Licht und noch nicht mal Informationen.
- Schwarze Löcher gehören zu den Elementarbauteilen des Universums und sind maßgeblicher Bestandteil der Strukturen und Entwicklungen darin.
- Im Zentrum einer jeden Spiralgalaxie befindet sich ein supermassereiches Schwarzes Loch.
- In Schwarzen Löchern gelten die uns bekannten physikalischen Naturgesetze nicht mehr.
- Schwarze Löcher können eine extrem erhitzte Akkretionsscheibe aus Material bilden.
- Sterne umrunden Schwarze Löcher oft in Rosettenform.
- Theoretisch kann jede Masse zu einem Schwarzen Loch werden, wenn sie auf eine bestimmte Größe verdichtet wird.

- Die Gesamtmasse der Sonne müsste auf einen Durchmesser von 6 km zusammengequetscht werden, damit daraus ein Schwarzes Loch entstehen würde.
- Der Schwarzschildradius beschreibt den Radius eines massebehafteten Objektes, auf den es bei gleichbleibender Masse komprimiert werden müsste, damit seine Gravitationskräfte gegen unendlich gehen und das Objekt damit zum Schwarzen Loch wird.
- Je stärker die Gravitation den Raum krümmt, desto größer muss die Fluchtgeschwindigkeit sein, um dem Gravitationsfeld zu entweichen.
- Die Fluchtgeschwindigkeit der Erde beträgt 11,2 km/s.
- Ein Schwarzes Loch hat eine Fluchtgeschwindigkeit der Lichtgeschwindigkeit oder sogar größer.
- Die Grenze eines Schwarzen Loches, ab der nichts mehr entkommen kann, nennt man den Ereignishorizont.
- Ab dem dreifachen Abstand des Ereignishorizonts können Objekte noch ungestört und halbwegs sicher, allerdings stark beschleunigt, um das Schwarze Loch kreisen.
- Durch die Hawking-Strahlung geben Schwarze Löcher Energie in Form von Hitzestrahlung ab.
- Durch die Hawking-Strahlung wird ihre Lebensdauer begrenzt, wenn sie keine weitere Masse aufnehmen.
- Im Inneren von Schwarzen Löchern bildet sich eine Singularität. Dies ist ein unendlich kleiner Punkt mit unendlich hoher Gravitation. Er hat keine Oberfläche und kein Volumen.
- Das uns am nächsten gelegene Schwarze Loch ist HR 6819

- Das größte bekannte Schwarze Loch ist Ton 618. Es ist 66 Milliarden Sonnenmassen schwer und hat eine Größe von 1.300 Astronomischen Einheiten.
- Gravitationslinsen sind Objekte, die das Licht von der Quelle auf dem Weg zum Beobachter ablenken.
- Der Dopplereffekt kann in der Akustik und in Lichtspektren auftreten.

Das Universum und die Raumzeitdimension

- Das Universum ist der Zusammenschluss von Raum, Zeit, Materie und Energie.
- Es gibt etwa 10^{11} Galaxien und pro Galaxie jeweils noch mal 10^{11} Sterne.
- Die durchschnittliche Dichte des Universums beträgt ein Teilchen pro Kubikmeter.
- Die Dichte in einem Kubikzentimeter (nicht Meter) Luft auf der Erde beträgt 100 Trilliarden Teilchen.
- Seit dem Urknall breitet sich das Universum unweigerlich aus.
- Eine unbestätigte Theorie besagt, dass unser Universum ein Schwarzes Loch sein könnte.
- Die Raumzeit gibt dem Universum eine Struktur und besagt wie es aufgebaut ist und zusammenhängt.
- Die Raumzeit umgibt alles was aus Materie ist und eine Masse besitzt.
- Die Raumzeit ist vierdimensional und setzt sich wie folgt zusammen: Länge, Breite, Höhe und Zeit.

- Ohne die Anwesenheit von Massen ist die Raumzeit flach.
- Die Tatsache, dass das Universum sich entwickelt und somit die Entropie zunimmt, definiert den Zeitlauf.
- Die sichtbare Materie macht nur 5% der Gesamtmasse des Universums aus.
- Die sichtbare Materie im Universum ist wie folgt aufgebaut (von klein nach groß): Up-Quarks und Down-Quarks < Elektronen, Neutronen und Protonen < Atome < Moleküle < Partikel < Zellen < Staub < Asteroiden, Monde und Kometen < Planeten < Sterne < Sternensysteme < Sternenhaufen < Galaxien < Galaxienhaufen < Galaxiensuperhaufen < gleichmäßige wabenartige Strukturen.
- 25% der Gesamtinhalt des Universums macht die dunkle Materie aus.
- Dunkle Materie ist unsichtbar und wechselwirkt ausschließlich über Gravitation.
- Dunkle Materie kann sich durch normale Materie hindruchbewegen.
- Dunkle Materie kann durch den Gravitationslinseneffekt ausfindig gemacht werden: An Stellen im Raum, wo sich augenscheinlich überhaupt nichts befindet, wird das Licht plötzlich von seinen Bahnen abgelenkt.
- 70% der Gesamtmasse des Universums macht die dunkle Energie aus.
- Die dunkle Energie sorgt für die Expansion des Universums.
- Die Gravitation verkleinert die Abstände zwischen Massen, während die Expansion sie hingegen vergrößert.

Die Spezielle Relativitätstheorie

- Zeit, Längen und Geschwindigkeiten können sich je nach Beobachtungsstandort stark unterscheiden.
- Ein Inertialsystem ist das Objekt oder der Raum in dem sich etwas befindet, das eine andere Geschwindigkeit oder auch eine andere Raumzeit erlebt.
- Invarianz ist die Unveränderlichkeit der im ganzen Universum gleichbleibenden Naturgesetze.
- Die physikalischen Gesetze, die bei uns auf der Erde gelten und funktionieren, existieren und gelten auch überall anders im Universum.
- Die Zeit steht gleichberechtigt neben den drei Raumdimensionen.
- Raum und Zeit betreffen jegliche Materie und jeden Ort im Universum.
- Wenn sich Massen / Materie schnell bewegen, dann tauchen die Effekte der Zeitdilatation und Längenkontraktion auf.
- Die Zeitdilatation bewirkt, dass die Zeit um einen herum langsamer vergeht.
- Die Längenkontraktion bewirkt, dass der Raum um einen herum schrumpft und kürzer wird.
- Je schneller man sich im Raum bewegt, desto weniger bewegt man sich durch die Zeit.
- Je langsamer man sich durch den Raum bewegt, desto schneller bewegt man sich durch die Zeit.
- Die Lichtgeschwindigkeit limitiert die Effekte der Zeitdilatation und Längenkontraktion.
- Je näher man der Lichtgeschwindigkeit kommt, desto stärker wird die Raumzeitkrümmung und desto stärker werden auch die dabei auftretenden Effekte.

- Wenn eine Masse beschleunigt wird, wird ein Teil der dafür eingesetzten Energie ebenfalls zu Masse.
- Je schneller ein Objekt ist, desto mehr steigt seine Masse an.
- Nichts kann schneller sein als das Licht, da bei Lichtgeschwindigkeit der Raum durch die Längenkontraktion auf Null schrumpft und kein Raum mehr existiert, um weiter zu beschleunigen.
- Wenn sich Materie mit Lichtgeschwindigkeit bewegen würde, dann würde ihre Masse dabei unendlich groß werden. Dann müsste auch die dafür benötigte Energie unendlich viel sein. Die Energie im Universum ist jedoch begrenzt. Daher kann sich keine Masse / Materie mit Lichtgeschwindigkeit bewegen.
- Bei erreichen der Lichtgeschwindigkeit enden Raum und Zeit.

- $E = m \cdot c^2$ bedeutet "Energie ist gleich Masse multipliziert mit der Lichtgeschwindigkeit (c) zum Quadrat".
- $E = m \cdot c^2$ sagt aus, dass in einem klitzekleinen bisschen Masse schon eine gigantisch große Menge an Energie steckt.
- Energie und Masse stehen proportional zueinander.
- Materie wird von Bindungsenergie zusammengehalten.
- Energie kann bei der Bindung oder Spaltung von Atomen freigesetzt werden.
- Wenn man Materie in all ihre Einzelteile zerlegt und die einzelnen Gewichte zusammenrechnet, dann ist die Summe der Einzelteile deutlich niedriger als das ursprüngliche Gewicht der zuvor noch zusammengesetzten Materie.
- $E = m \cdot c^2$ ermöglichte den Bau der Atombombe.

Die Allgemeine Relativitätstheorie

- Gravitation wirkt wie ein Trichter der gekrümmten Raumzeit.
- Gravitation bewirkt Zeitdilatation.
- Die Geschwindigkeit mit der sich ein Himmelskörper fortbewegt, bewirkt eine Fliehkraft.
- Fliehkraft bewirkt einen Ausgleich zwischen dem Sturz in ein Gravitationsfeld und dem Geradeausbewegen.
- Weiße Löcher sind das Gegenteil von Schwarzen Löchern.
- Weiße Löcher stoßen dauerhaft Materie aus.
- Nichts kann den Ereignishorizont Weißer Löcher passieren.
- Weiße Löcher besitzen in ihrer Mitte eine Singularität mit einem maximal verdichtetem Punkt.
- Weiße Löcher könnten möglicherweise die letzte Stufe (der Tod) eines Schwarzen Loches sein.
- Weiße Löcher können dunkle Materie sein.
- Der Urknall könnte ein Weißes Loch gewesen sein.

- Ein Schwarzes und ein Weißes Loch können gemeinsam ein Wurmloch bilden.
- Materie die von einem Schwarzen Loch aufgenommen wird, könnte durch ein Weißes Loch an einer völlig anderen Stelle im Universum wieder ausgestoßen werden.
- Wurmlöcher sind eine Abkürzung durch Raum und Zeit.
- Wurmlöcher können zwei verschiedene Orte im Universum verbinden oder gar in einem anderen Universum münden.

- Wurmlöcher sind einwandfrei möglich, jedoch nicht aufrechterhaltbar, wenn Materie in sie hineingerät.
- Zur Aufrechterhaltung von Wurmlöchern benötigt es exotische Materie mit negativer Masse.

Sind wir allein im Universum?

- Exoplaneten sind erdähnliche Gesteinsplaneten.
- Um Leben zu ermöglichen benötigt es Wasser, eine Sauerstoffatmosphäre, die richtige Temperatur auf dem Planeten, Licht, die richtige Entfernung zum Zentralgestirn und gravitativen Schutz vor kosmischen Objekten.
- Zwischen Jupiter und der Sonne besteht ein empfindliches Gleichgewicht.
- Merkur, Venus, Erde und Mars sind auch von der Gravitation des Jupiters abhängig.
- Es gibt Planeten, auf denen gehen morgens drei Sonnen auf.
- Es gibt Planeten, auf denen es, bedingt durch Korund in der Atmosphäre, Edelsteine regnet.

- Es gibt eine Formel mit der man die Wahrscheinlichkeit für die Anzahl von bewohnten Planeten in Galaxien berechnen kann.
- Außerirdische könnten evolutionär bedingt anders an die Gegebenheiten ihres Planeten angepasst sein und daher ein anderes Aussehen und andere Fähigkeiten besitzen.
- Gründe dafür, dass wir noch nichts von weiteren intelligenten Lebensformen mitbekommen haben, könnten

sein, dass sie uns noch nicht gefunden haben, sie die
großen Entfernungen nicht überbrücken können, sie
abgeneigt sind mit uns in Verbindung zu treten oder
aber keine weiteren Lebensformen existieren.
- Wenn eine andere Lebensform im Universum nach bewohnten Planeten sucht, kann sie dabei gute als auch feindliche Absichten haben.

- Es wird dem Menschen auf alle Zeiten untersagt sein mit Lichtgeschwindigkeit zu reisen, da dabei der Strahlungsdruck zu hoch ist, die Energiequellen für eine solche Geschwindigkeit fehlen, harmlose Partikel zu tödlichen Geschossen werden und die Trägheitskräfte die Insassen eines Raumschiffs zerquetschen würden.
- Herkömmliche Raketen erzeugen ihren Schub durch das Verbrennen von Treibstoffen. Dabei werden Gase ausgestoßen, was wiederum einen Rückstoß erzeugt.
- Um mehr Schwung zu generieren kann man Sonden und Raketen kurzzeitig in die Umlaufbahn von größeren Planeten schicken.
- Keiner der derzeit verfügbaren Antriebe reicht ansatzweise aus, um innerhalb eines Menschenlebens benachbarte Sternensysteme zu erreichen.
- Beim Photonenantrieb werden Lichtteilchen von leistungsstarken Lasern gezielt auf ein Segel eines Raumschiffs geschossen.
- Der Photonenantrieb ist aktuell theoretisch in der Lage sehr kleine und leichte Objekte bis auf 30% der Lichtgeschwindigkeit zu beschleunigen.
- Der Photonenantrieb benötigt keinen Treibstoff und ist daher sehr effizient.
- Der Warp-Antrieb manipuliert die Raumzeit um sich herum, um eine Abkürzung zu schaffen.

- Der Warp-Antrieb komprimiert die Raumzeit vor sich und entfaltet sie hinter sich wieder.
- Das "Bose-Einstein-Kondensat" ist exotische Materie aus Rubidium-Atomen mit negativer Masse.
- Teilchen können über unglaublich große Entfernungen miteinander verschränkt sein.
- Teleportation von Teilchen ist bereits über eine Entfernung von über 100 km gelungen.

(Künstlerische Darstellung zweier sich umkreisender Schwarzer Löcher mit Akkretionsscheiben.)

Periodensystem der Elemente

Legende:
- Alkalimetalle
- Erdalkalimetalle
- Übergangsmetalle
- Lanthanoide
- Actinoide
- Metalle
- Halbmetalle
- Nichtmetalle
- Halogene
- Edelgase
- Unbekannt

Angaben je Element: Ordnungszahl, Molare Masse, Symbol, Name

	1	2	3	4	5	6	7	8	9	10	11	12	13	14	15	16	17	18
1	1; 1,0 H; Wasserstoff																	2; 4 He; Helium
2	3; 6,9 Li; Lithium	4; 9,0 Be; Beryllium											5; 10,8 B; Bor	6; 12 C; Kohlenstoff	7; 14 N; Stickstoff	8; 16 O; Sauerstoff	9; 19 F; Fluor	10; 20,1 Ne; Neon
3	11; 22,9 Na; Natrium	12; 24 Mg; Magnesium											13; 26,9 Al; Aluminium	14; 28 Si; Silicium	15; 30,9 P; Phosphor	16; 32 S; Schwefel	17; 35,5 Cl; Chlor	18; 39,9 Ar; Argon
4	19; 39,1 K; Kalium	20; 40 Ca; Calcium	21; 45 Sc; Scandium	22; 47,9 Ti; Titan	23; 50,9 V; Vanadium	24; 52 Cr; Chrom	25; 54 Mn; Mangan	26; 55,8 Fe; Eisen	27; 58,9 Co; Cobalt	28; 58,7 Ni; Nickel	29; 63,5 Cu; Kupfer	30; 65,4 Zn; Zink	31; 69,7 Ga; Gallium	32; 72,6 Ge; Germanium	33; 74,9 As; Arsen	34; 78,9 Se; Selen	35; 79,9 Br; Brom	36; 83,8 Kr; Krypton
5	37; 85,5 Rb; Rubidium	38; 87,6 Sr; Strontium	39; 89,0 Y; Yttrium	40; 91,2 Zr; Zirconium	41; 92,9 Nb; Niob	42; 95 Mo; Molybdän	43; 97,9 Tc; Technecium	44; 101 Ru; Ruthenium	45; 103 Rh; Rhodium	46; 106 Pd; Palladium	47; 107 Ag; Silber	48; 112 Cd; Cadmium	49; 114 In; Indium	50; 118 Sn; Zinn	51; 122 Sb; Antimon	52; 127 Te; Tellur	53; 126,9 I; Iod	54; 131 Xe; Xenon
6	55; 133 Cs; Caesium	56; 137 Ba; Barium	*	72; 178,5 Hf; Hafnium	73; 180,9 Ta; Tantal	74; 183,8 W; Wolfram	75; 186 Re; Rhenium	76; 190 Os; Osmium	77; 192,2 Ir; Iridium	78; 195 Pt; Platin	79; 197 Au; Gold	80; 200 Hg; Quecksilber	81; 204 Tl; Thallium	82; 207 Pb; Blei	83; 209 Bi; Bismut	84; 209 Po; Polonium	85; 210 At; Astat	86; 222 Rn; Radon
7	87; 223 Fr; Francium	88; 226 Ra; Radium	**	104; 261 Rf; Rutherfordio	105; 262 Db; Dubnium	106; 266 Sg; Seaborgium	107; 264 Bh; Bohrium	108; 269 Hs; Hassium	109; 268 Mt; Meitnerium	110; 273 Ds; Darmstadtiu	111; 272 Rg; Roentgeniu	112; Cn; Copernicium	113; Uut; Ununtrium	114; Fl; Flerovium	115; Uup; Ununpentiu	116; Lv; Livermorium	117; Uus; Ununseptiu	118; Uuo; Ununoctiu

Lanthanoide (*):

57	58	59	60	61	62	63	64	65	66	67	68	69	70	71
138,9 La Lanthan	140 Ce Cer	140,9 Pr Praseodym	144 Nd Neodym	145 Pm Promethiu	150,4 Sm Samarium	152 Eu Europium	157 Gd Gadolinium	159 Tb Terbium	162 Dy Dysprosium	165 Ho Holmium	167 Er Erbium	199 Tm Thulium	173 Yb Ytterbium	175 Lu Lutetium

Actinoide (**):

89	90	91	92	93	94	95	96	97	98	99	100	101	102	103
227 Ac Actinium	232 Th Thorium	231 Pa Protactiniu	238 U Uran	237 Np Neptunium	244 Pu Plutonium	Am Americium	247 Cm Curium	247 Bk Berkelium	251 Cf Californium	252 Es Einsteiniu	257 Fm Fermium	Md Mendeleviu	259 No Nobelium	262 Lr Lawrencia

Haftungsausschluss

Der Inhalt dieses Buches wurde mit großer Sorgfalt geprüft und erstellt. Für die Vollständigkeit, Richtigkeit und Aktualität der Inhalte kann dennoch keine Gewährleistung oder Garantie übernommen werden. Der Inhalt des Buches repräsentiert die persönlichen Erfahrungen und Meinungen des Autors und dient ausschließlich zu Unterhaltungszwecken. Es wird keine juristische Verantwortung oder Haftung für Schäden übernommen, die durch kontraproduktive Ausübung oder Fehler des Lesers entstehen. Ebenso gibt es auch keine Garantie auf Erfolg. Der Autor übernimmt daher keine Verantwortung, wenn die im Buch beschriebenen Ziele nicht erreicht werden.

Dieses Buch ist nach der neuen deutschen Rechtschreibung korrigiert und lektoriert worden.
(Stand 2022)

www.ingramcontent.com/pod-product-compliance
Lightning Source LLC
Chambersburg PA
CBHW040217220526
45473CB00001B/16